玩转电子设计系列丛书

用Proteus可视化设计玩转Arduino

刘波 金霞 李淼◎编著

电子工业出版社
Publishing House of Electronics Industry
北京·BEIJING

内 容 简 介

本书主要介绍使用 Proteus 进行可视化设计的方法，使读者在对程序代码较为生疏的情况下，也可以完成对 Arduino 单片机的开发。本书涉及 Arduino 及可视化介绍、Proteus 软件的基础操作、可视化设计方法的使用和 Arduino 单片机的应用等内容。书中介绍了如何使用可视化设计的方法玩转 LED、显示屏、电机和传感器，同时也完整地介绍了 3 个利用可视化设计方法的电路综合实例，包括电子密码锁实例、多功能电子时钟实例和智能小车实例，每一个仿真实例后都配有二维码，扫描二维码即可观看仿真视频。读者可以在熟悉 Proteus 操作的同时体会可视化的设计思路，为自己玩转 Arduino 单片机打下基础。

本书适合对可视化设计和电子设计感兴趣或参加电子设计比赛的人员阅读，也可作为高等院校相关专业和职业培训的实验用书。

未经许可，不得以任何方式复制或抄袭本书之部分或全部内容。
版权所有，侵权必究。

图书在版编目（CIP）数据

用 Proteus 可视化设计玩转 Arduino / 刘波，金霞，李淼编著. —北京：电子工业出版社，2020.5
（玩转电子设计系列丛书）
ISBN 978-7-121-38943-6

Ⅰ. ①用… Ⅱ. ①刘… ②金… ③李… Ⅲ. ①电子电路－计算机辅助设计－应用软件②单片微型计算机－程序设计 Ⅳ. ①TN702②TP368.1

中国版本图书馆 CIP 数据核字（2020）第 059979 号

责任编辑：李 洁
印　　刷：北京虎彩文化传播有限公司
装　　订：北京虎彩文化传播有限公司
出版发行：电子工业出版社
　　　　　北京市海淀区万寿路 173 信箱　邮编　100036
开　　本：787×1 092　1/16　印张：15.75　字数：403.2 千字
版　　次：2020 年 5 月第 1 版
印　　次：2023 年 6 月第 2 次印刷
定　　价：69.80 元

凡所购买电子工业出版社图书有缺损问题，请向购买书店调换。若书店售缺，请与本社发行部联系，联系及邮购电话：（010）88254888，88258888。
质量投诉请发邮件至 zlts@phei.com.cn，盗版侵权举报请发邮件至 dbqq@phei.com.cn。
本书咨询联系方式：lijie@phei.com.cn。

<<<<< PREFACE

  Proteus 作为当今最优秀的 EDA 电子设计软件之一，具有电路仿真和 PCB 绘制等功能。Arduino 是一款便捷灵活、方便上手的开源电子原型平台，包含硬件（各种型号的 Arduino 开发板）和软件（Arduino IDE）。Proteus 软件将可视化的概念集成于 Arduino 平台。Arduino 可以通过简单的流程图界面进行嵌入式系统设计，同时能进行仿真和调试。它的集成开发环境最有意义的变革是将代码程序以类似于"搭积木"方式的流程图来取而代之。本书主要介绍使用 Proteus 进行可视化设计的方法，主要内容涉及 Arduino 及可视化介绍、Proteus 软件的基础操作、可视化设计方法的使用和 Arduino 单片机的应用等。

  本书主要分为两大部分，共 8 章。

  第一部分为基础应用篇，包括第 1 章~第 5 章。主要讲解如何利用可视化设计的方法对基础模块进行操作，旨在使读者掌握基础模块的使用方法。第 1 章介绍了 EDA 软件 Proteus 及其在可视化方面的使用方法，使读者对 Proteus 软件和可视化设计有一个整体的认知。第 2 章介绍了如何利用可视化设计来玩转 LED 的实例，包含了闪烁的 LED 实例、键控 LED 实例、流水灯实例和花样流水灯实例。第 3 章介绍了如何利用可视化设计来玩转显示屏实例，包含了 LCD1602 显示屏实例、OLED128064 显示屏实例、NOKIA3310 显示屏实例和数码管显示屏实例。第 4 章介绍了如何利用可视化设计来玩转电机实例，包含了直流电机实例、步进电机实例、舵机实例和多个舵机实例。第 5 章介绍了如何利用可视化设计来玩转传感器实例，包含了距离传感器实例、声音传感器实例、电流传感器实例和温度、湿度传感器实例。

  第二部分为高级应用篇，包括第 6 章~第 8 章。主要讲解 3 个利用可视化设计方法的电路综合实例，包括电子密码锁实例、多功能电子时钟实例和智能小车实例。该部分综合实例由简单到复杂，循序渐进。同时，每一章又完整地包含了电路设计、可视化设计和整体联合仿真等详细过程，从而保证了每一章电路综合实例的完整性和独立性。学习完本部分内容后，读者可体会可视化的设计思路，为自己玩转 Arduino 单片机打下基础。

  "玩转电子设计系列丛书"将会引领读者从不同角度进行电子设计。本书为该系列丛书的开篇之作。之所以选择《用 Proteus 可视化设计玩转 Arduino》作为该系列丛书开篇之作的原因很简单，就是想用最简单、最容易理解的方式来讲解电子设计，使读者了解电子设计、爱上电子设计。"玩转电子设计系列丛书"的后续书籍将陆续讲解电路原理仿真和 PCB 设计等知识，使读者的电子设计水平再提升一个层次。

  本书取材广泛、内容新颖、实用性强，作为可视化设计及 Arduino 单片机应用的入门级教程，对零基础的读者起到抛砖引玉的作用。书中的每一个实例仿真章节均配有二维码，读者扫描二维码，即可观看仿真视频。本书适合对可视化设计和电子设计感兴趣或参加电子设计比赛的人员阅读，也可作为高等院校相关专业和职业培训的实验用书。

  本书的顺利完稿离不开广大朋友的支持与帮助。首先，感谢李洁编辑在构思"玩转电子设计系列丛书"和编著本书的过程中提供的宝贵经验和帮助。其次，感谢同窗好友刘强、刘敬、韩涛、欧阳育星、邵盟、李楠、王俊山、姚学儒对本书提出的宝贵意见。最后，感谢天津科技大学夏初蕾在电子电路技术方面提供的技术支持。当然，更需要感谢我的家人，谢谢他们给予我的支持与帮助。

  由于作者水平有限，加之时间仓促，书中难免有错误和不足之处，敬请读者批评指正。如若发现问题及错误，请与作者联系（刘波：1422407797@qq.com）。为了更好地向读者提供服务以及方便与广大电子爱好者进行交流，读者可以加入技术交流 QQ 群（玩转机器人&电子设计：211503389）。

编著者

2019 年 10 月

CONTENTS

第一部分 基础应用篇

第1章 Arduino 可视化设计

1.1 Arduino 与可视化 ········ 2
    1.1.1 什么是可视化 ········ 2
    1.1.2 可视化环境搭建 ········ 3

1.2 可视化设计基本操作 ········ 8
    1.2.1 基本方法介绍 ········ 9
    1.2.2 系统仿真 ········ 14

第2章 玩转 LED 实例

2.1 闪烁的 LED 实例 ········ 16
    2.1.1 原理图设计 ········ 16
    2.1.2 可视化流程图设计 ········ 19
    2.1.3 仿真验证 ········ 20

2.2 键控 LED 实例 ········ 21
    2.2.1 原理图设计 ········ 21
    2.2.2 可视化流程图设计 ········ 24
    2.2.3 仿真验证 ········ 26

2.3 流水灯实例 ········ 29
    2.3.1 原理图设计 ········ 29
    2.3.2 可视化流程图设计 ········ 31
    2.3.3 仿真验证 ········ 34

2.4 花样流水灯实例 ········ 37
    2.4.1 原理图设计 ········ 38
    2.4.2 可视化流程图设计 ········ 38
    2.4.3 仿真验证 ········ 45

第3章 玩转显示屏实例

3.1 LCD1602 显示屏实例 ········ 48
    3.1.1 原理图设计 ········ 48
    3.1.2 可视化流程图设计 ········ 50
    3.1.3 仿真验证 ········ 52

3.2 OLED128064 显示屏实例 ········ 53
    3.2.1 原理图设计 ········ 53
    3.2.2 可视化流程图设计 ········ 55
    3.2.3 仿真验证 ········ 59

3.3 NOKIA3310 显示屏实例 ········ 60
    3.3.1 原理图设计 ········ 60
    3.3.2 可视化流程图设计 ········ 61
    3.3.3 仿真验证 ········ 65

3.4 数码管显示屏实例 ········ 66
    3.4.1 原理图设计 ········ 67
    3.4.2 可视化流程图设计 ········ 68
    3.4.3 仿真验证 ········ 72

第4章 玩转电机实例

4.1 直流电机实例 ········ 74
    4.1.1 原理图设计 ········ 74
    4.1.2 可视化流程图设计 ········ 76
    4.1.3 仿真验证 ········ 79

4.2 步进电机实例 ········ 81
    4.2.1 原理图设计 ········ 81
    4.2.2 可视化流程图设计 ········ 83

    4.2.3 仿真验证 ········ 86

4.3 舵机实例 ········ 88
    4.3.1 原理图设计 ········ 88
    4.3.2 可视化流程图设计 ········ 91
    4.3.3 仿真验证 ········ 94

4.4 多个舵机实例 ········ 96
    4.4.1 原理图设计 ········ 96

4.4.2　可视化流程图设计……………99　　　　4.4.3　仿真验证………………………102

第5章　玩转传感器实例

5.1　距离传感器实例……………………105
　　5.1.1　原理图设计……………………105
　　5.1.2　可视化流程图设计……………107
　　5.1.3　仿真验证………………………109
5.2　声音传感器实例……………………110
　　5.2.1　原理图设计……………………110
　　5.2.2　可视化流程图设计……………113
　　5.2.3　仿真验证………………………116

5.3　电流传感器实例……………………117
　　5.3.1　原理图设计……………………117
　　5.3.2　可视化流程图设计……………121
　　5.3.3　仿真验证………………………124
5.4　温度、湿度传感器实例……………127
　　5.4.1　原理图设计……………………127
　　5.4.2　可视化流程图设计……………129
　　5.4.3　仿真验证………………………132

第二部分　高级应用篇

第6章　电子密码锁实例

6.1　总体要求……………………………136
6.2　原理图设计…………………………136
　　6.2.1　单片机最小系统电路…………136
　　6.2.2　LCD1602显示屏电路…………137
　　6.2.3　键盘电路………………………138
　　6.2.4　舵机电路………………………138

　　6.2.5　声光指示电路…………………140
6.3　可视化流程图设计…………………142
　　6.3.1　SETUP流程图…………………142
　　6.3.2　LOOP流程图…………………150
6.4　仿真验证……………………………164

第7章　多功能电子时钟实例

7.1　总体要求……………………………169
7.2　原理图设计…………………………169
　　7.2.1　单片机最小系统电路…………169
　　7.2.2　LCD1602显示屏电路…………170
　　7.2.3　键盘电路………………………171
　　7.2.4　电机电路………………………171
　　7.2.5　蜂鸣器电路……………………173

　　7.2.6　传感器电路……………………174
　　7.2.7　数码管显示电路………………177
7.3　可视化流程图设计…………………178
　　7.3.1　SETUP流程图…………………178
　　7.3.2　LOOP流程图…………………189
7.4　仿真验证……………………………196

第8章　智能小车实例

8.1　总体要求……………………………202
8.2　原理图设计…………………………202
　　8.2.1　单片机最小系统电路…………202
　　8.2.2　LCD1602显示屏电路…………203
　　8.2.3　键盘电路………………………204

　　8.2.4　小车电路………………………205
8.3　可视化流程图设计…………………206
　　8.3.1　SETUP流程图…………………206
　　8.3.2　LOOP流程图…………………215
8.4　仿真验证……………………………238

参考文献

第一部分

基础应用篇

第 1 章　Arduino 可视化设计

1.1　Arduino 与可视化

Arduino[①]是一款便捷灵活、方便上手的开源电子原型平台,包含硬件(各种型号的 Arduino 开发板)和软件(Arduino IDE)。Proteus 软件将可视化的概念集成于 Arduino 平台。Arduino 平台可以通过简单流程图界面来进行嵌入式系统设计,同时能进行仿真和调试,它的集成开发环境最有意义的变革是将代码程序以类似于"搭积木"方式的流程图来取而代之,这在很大程度上降低了编程的难度。

1.1.1　什么是可视化

可视化(Visual)程序设计是一种全新的程序设计方法,它主要是让程序设计人员利用软件本身所提供的各种控件,像搭积木一样来构造应用程序的各种界面。Proteus 软件的可视化设计 Visual Designer 是一个独特的开发工具,它使用流程图和 Arduino 开发板通过拖放的外围设备模块来设计基于 Arduino 嵌入式系统的程序设计,如图 1-1-1 所示。

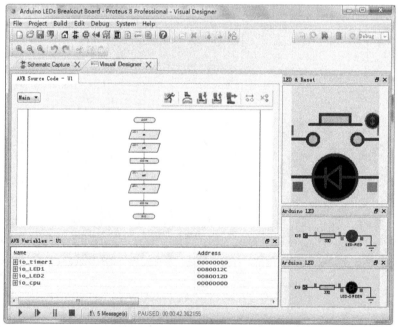

图 1-1-1　Visual Desigıner 界面

---

① "ARDUINO"常见于 Proteus 软件界面中。为了使图文一致,在描述某些界面时使用了"ARDUINO",实际表达意思与"Arduino"一致。

在 Proteus 软件里可以在原理图设计模块的帮助菜单上或 Proteus 主页上的帮助中心找到帮助文档，如图 1-1-2 所示。

图 1-1-2　帮助中心

Arduino 采用开源计算机硬件和软件机制，是基于微控制器的工程，用于构建数字设备和交互式对象的套件，可以感知和控制物理世界中的对象。该基于微控制器的工程可以连接各种扩展板（Shields）或其他电路的数字和模拟 I/O 引脚组。

Grove 是一个用于快速原型设计的模块化电子平台。每个模块都有一个功能，如触摸感应，创建音频效果等。只需将需要的模块插入底座，就可以验证电路功能。Grove 入门套件是初学者和学生开始使用和学习 Arduino 的好工具。Arduino 可以连接多达 16 个 Grove 模块。Grove 入门套件如图 1-1-3 所示。

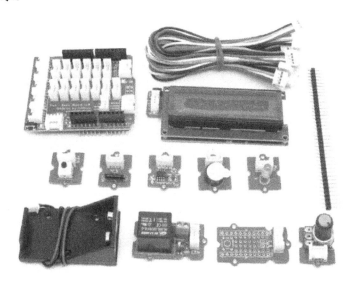

图 1-1-3　Grove 入门套件

1.1.2　可视化环境搭建

执行"开始"→"所有程序"→"Proteus 8 Professional"命令，依次打开文件夹，如图 1-1-4 所示，由于操作系统不同，快捷方式位置可能会略有变化。单击 Proteus 8 Professional 图标，启动 Proteus 8 Professional 软件，如图 1-1-5 所示。

第一种方式新建可视化工程。执行 File → New Project 命令，弹出"New Flowchart Project Wizard:Start"对话框，在"Name"栏输入"New Project1"作为工程名，在 Path 栏选择存储路径为"E:\玩转电子设计系列丛书\可视化实例设计\project\1"，如图 1-1-6 所示。

单击如图 1-1-6 所示对话框中的 Next 按钮，弹出"New Project Wizard :Schematic Design"

对话框，选中"Create a schematic from the selected template"选项，在"Design Templates"栏中选择"DEFAULT"，即默认选择图纸，如图 1-1-7 所示。

图 1-1-4　快捷方式所在位置

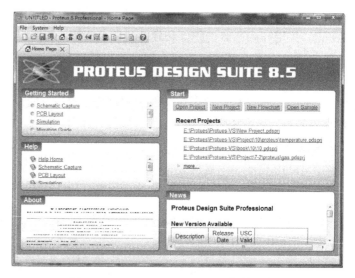

图 1-1-5　Proteus 8 Professional 软件主窗口

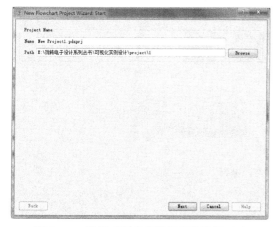

图 1-1-6　设置工程名和选择存储路径（1）

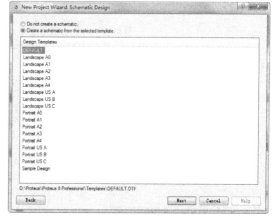

图 1-1-7　选择图纸

单击如图 1-1-7 所示对话框中的 Next 按钮，弹出"New Project Wizard:PCB Layout"对话框，选中"Do not create a PCB layout"选项，创建 PCB 图纸，如图 1-1-8 所示。

单击"New Project Wizard:PCB Layout"对话框中的 Next 按钮，弹出"New Project Wizard:Firmware"对话框，选中"Create Flowchart Project"选项，选择"ARDUINO"为开发板，"Arduino Uno"为控制器，"Visual Designer for Arduino AVR"为编译环境，如图 1-1-9 所示。

单击"New Project Wizard:Firmware"对话框中的 Next 按钮，弹出"New Project Wizard:Summary"对话框。单击"New Project Wizard:Summary"对话框中的 Finish 按钮，弹

出 Proteus 软件的主窗口,"Schematic Capture"界面如图 1-1-10 所示,"Visual Designer"界面如图 1-1-11 所示。至此,用第一种方法创建新建工程完毕。

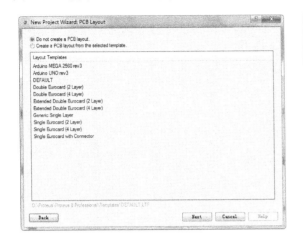
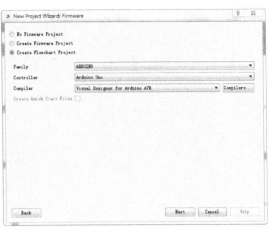

图 1-1-8　创建 PCB 图纸　　　　　　　图 1-1-9　选中"Create Flowchart Project"选项(1)

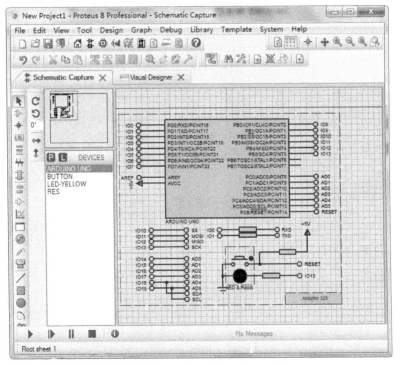

图 1-1-10　"Schematic Capture"界面(1)

"Visual Designer"界面中的"Projects"栏如图 1-1-12 所示,右键单击工程树中的 ARDUINO UNO(U1) 选项,弹出子菜单如图 1-1-13 所示。单击子菜单中的 Add Peripheral 选项,弹出"Select Peripheral"对话框,如图 1-1-14 所示,在这个界面可以选择需要放置的电路单元。元件选择完毕后,单击"Select Peripheral"对话框中的 OK 按钮,即可将对应电路单元放置在图纸上。

下面使用第二种方式新建可视化工程并使用另外一种型号的单片机。单击 Proteus 软件中 "Start"栏的 New Flowchart 选项,弹出"New Flowchart Project Wizard:Start"对话框,在"Name"

栏输入"New Project2"作为工程名,在"Path"栏选择存储路径为"E:\玩转电子设计系列丛书\可视化实例设计\project\1",如图 1-1-15 所示。

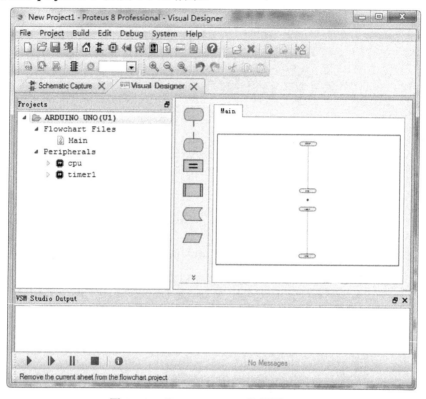

图 1-1-11 "Visual Designer"界面(1)

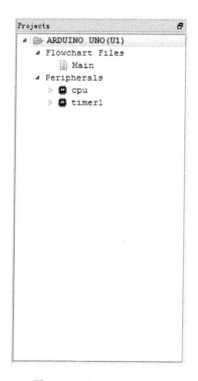

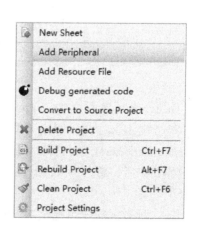

图 1-1-12 "Projects"栏   图 1-1-13 子菜单

第 1 章　Arduino 可视化设计　　7

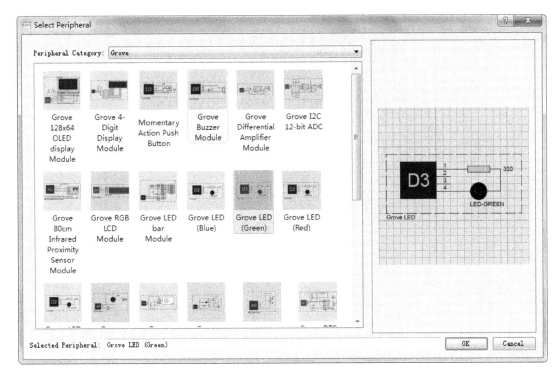

图 1-1-14　"Select Peripheral"对话框

单击图 1-1-15 中的 Next 按钮，弹出"New Flowchart Project Wizard:Firmware"对话框，选中"Create Flowchart Project"选项，选择"ARDUINO"为开发板，"Arduino Mega"为控制器，"Visual Designer for Arduino AVR"为编译环境，如图 1-1-16 所示。

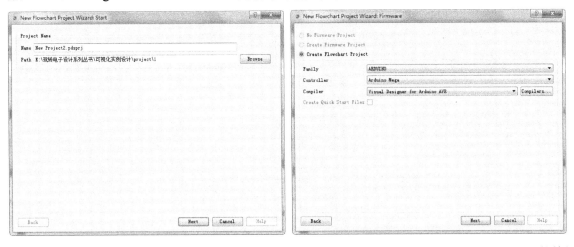

图 1-1-15　设置工程名和选择存储路径（2）　　图 1-1-16　New Flowchart Project Wizard:Firmware 对话框

单击"New Flowchart Project Wizard:Firmware"对话框中的 Next 按钮，弹出"New Project Wizard:Summary"对话框，单击该对话框中的 Finish 按钮，进入 Proteus 软件的主窗口，"Schematic Capture"界面如图 1-1-17 所示，"Visual Designer"界面如图 1-1-18 所示。至此，用第二种方法完成了新建工程的创建。

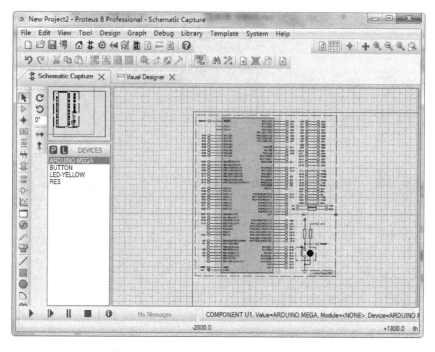

图 1-1-17 "Schematic Capture"界面（2）

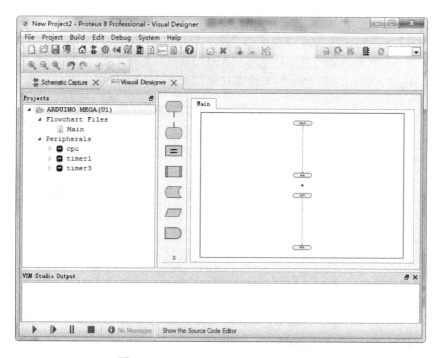

图 1-1-18 "Visual Designer"界面（2）

1.2 可视化设计基本操作

可视化设计在于将集成好的库（包括所有常用的显示器、按钮、开关、传感器、电机，以及更强大的器件如 TFT 显示屏、SD 卡和音频播放等外围设备）封装成各种模块。设计者通过添加外围设备的方式来设计原理图，通过拖放模块的方式即可调用相应的设备和程序，从而完成嵌入式设计，大大简化了编程和控制外设的方式。因此，读者仅需要掌握微控制器的基本架构，就可以进行可视化设计，大大降低了编写控制代码的难度。Proteus 的可视化设计仿真功能也非常强大，Arduino/Grove 工程可在没有硬件设备的情况下进行仿真功能的设计和开发，以节省硬件验证的时间。用户也可以继续在 Proteus VSM 工作环境下用 C++或汇编语言对同一个硬件进行编程。

1.2.1 基本方法介绍

以前面的工程为例，可视化原理图搭建完成后，将界面切换至可视化设计界面，从左边的工程树中的 Peripherals 选项中，我们可以看到 cpu 和 timer1 两个关于 Arduino 开发平台的方法库，如图 1-2-1 所示。

单击 cpu 左边的三角，弹出 cpu 相关的方法：pinMode（配置引脚模块，指定引脚和方向）、analogReference（配置模拟引脚参考电压模块）、analogWrite（写入模拟量模块）、analogRead（读取模拟量模块）、digitalWrite（写入数字量模块，指定输出引脚和高低电平）、digitalRead（读取数字量模块）、pulseIn（读取脉冲时间模块）、millis（延时模块）、enableInterrupt（启用中断模块）、disableInterrupt（禁用中断模块）、debug（调试模块），如图 1-2-2 所示。

单击 timer1 左边的三角，弹出 timer1 相关的方法：initialize（初始化模块）、setPeriod（设置频率模块）、start（启动模块）、stop（停止模块）、restart（重启模块）、resume（继续模块）、read（读取模块）、pwm（启用 PWM 模块）、disablePwm（禁用 PWM 模块）、setPwmDuty（设置 PWM 占空比模块），如图 1-2-3 所示。

图 1-2-1　Arduino 开发平台模块

图 1-2-2　cpu 模块

图 1-2-3　timer1 模块

从工程树的右边可以看到基本逻辑框图，如图 1-2-4 所示。

事件块与结束块一起使用以定义子程序（如写入显示器）和事件处理程序（如处理定时器中断）的开始和结束。创建一个子程序，需要在"Edit Event Block"对话框中的"Name"栏设置子函数名称，如图 1-2-5 所示。在放置子程序调用块时可以选择此程序。如果需要创建一个程序来处理可触发事件（如中断处理程序），则需要指定触发器，单击"Edit Event Block"对话框中的 Add 按钮，弹出“Select Trigger”对话框，如图 1-2-6 所示。

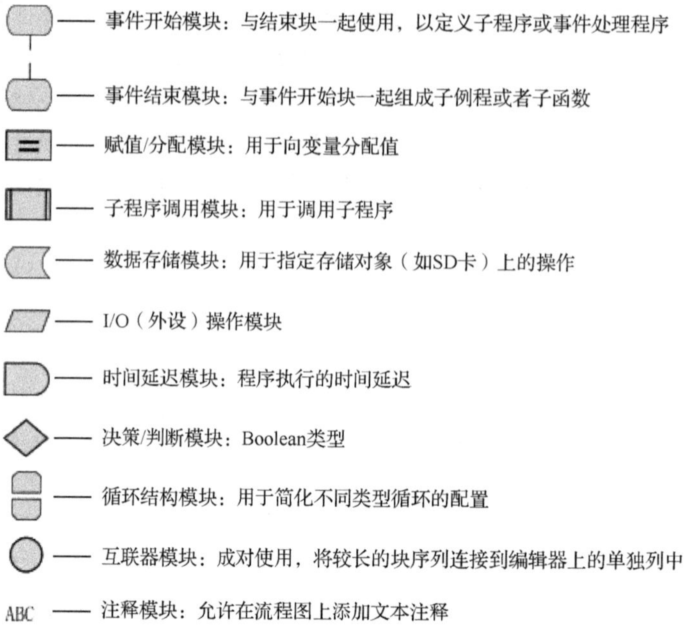

事件开始模块：与结束块一起使用，以定义子程序或事件处理程序
事件结束模块：与事件开始块一起组成子例程或者子函数
赋值/分配模块：用于向变量分配值
子程序调用模块：用于调用子程序
数据存储模块：用于指定存储对象（如SD卡）上的操作
I/O（外设）操作模块
时间延迟模块：程序执行的时间延迟
决策/判断模块：Boolean类型
循环结构模块：用于简化不同类型循环的配置
互联器模块：成对使用，将较长的块序列连接到编辑器上的单独列中
ABC
注释模块：允许在流程图上添加文本注释

图 1-2-4　流程图中的基本逻辑框图

Edit Event Block
Name
Name for subroutine
Triggers
Add
Remove
OK
Cancel

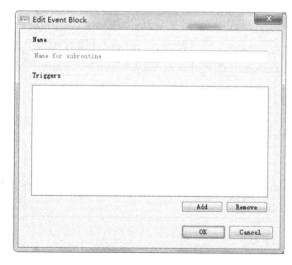

图 1-2-5 “Edit Event Block”对话框

Select Trigger
Hardware Trigger
Periodic Trigger
cpu(CPU)
RESET
INT0 (IO2)
INT1 (IO3)
timer1(TIMER1)
Timer Match
OK
Cancel

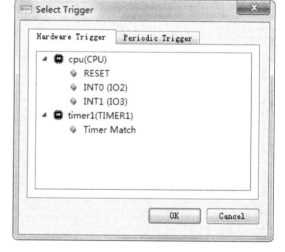

图 1-2-6 “Select Trigger”对话框

事件结束模块用于终止程序或子程序，通常放置在事件模块中。

赋值/分配模块是变量赋值的工具，如图 1-2-7 所示，可以在赋值/分配模块中完成创建新变量、编辑变量和删除变量等操作。单击“Edit Assignment Block”对话框中的 New 按钮，弹出“New Variable”对话框，可以选择所创建变量的数据类型，如图 1-2-8 所示。

在“Edit Subroutine Call”对话框中用子程序调用模块可以调用流程图中任何已经定义的函数，如图 1-2-9 所示。提示：必须首先使用事件开始模块和结束模块来创建和命名子程序，子程序调用模块才可以调用子程序。

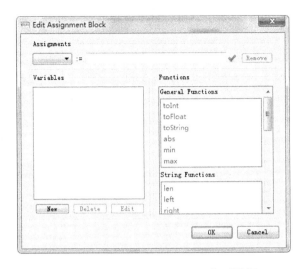

图 1-2-7 "Edit Assignment Block" 对话框

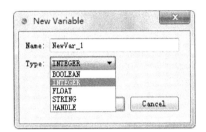

图 1-2-8 "New Variable" 对话框

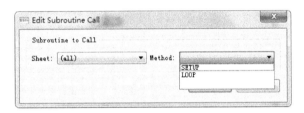

图 1-2-9 "Edit Subroutine Call" 对话框

数据存储模块常用于表示存储对象（SD 卡）上的操作方法，与文本或其他文件一起使用，如图 1-2-10 所示。

外设操作模块原则上允许在硬件上执行一个操作，硬件仅由处理器和可用操作组成，如图 1-2-11 所示。在实际工程中，可以向工程添加外围设备扩展板。

图 1-2-10 "Edit I/O Block" 对话框（1）

图 1-2-11 "Edit I/O Block" 对话框（2）

如图 1-2-12 所示，在 "Edit Delay Block" 对话框中，时间延迟模块用于在程序中引入特定的延迟。在执行延时函数期间，在 Arduino 单片机中读取传感器、数学计算和引脚操作等均停止，但是中断可以继续工作。

决策判断模块的作用是基于条件对程序流进行分流，从而执行不同的处理方式。如图 1-2-13 所示，在"Edit Decision Block"对话框中需要填入一个布尔表达式作为判断条件，与代码相比更加直观。当在流程图上放置了决策/判断模块时，将 YES 分支和 NO 分支置于默认位置，如图 1-2-14 所示。如果其位置不符合流程图，则右键单击判断模块，弹出快捷菜单，单击 Swap Yes/No 选项，可将 YES 分支和 NO 分支进行交换，如图 1-2-15 所示。

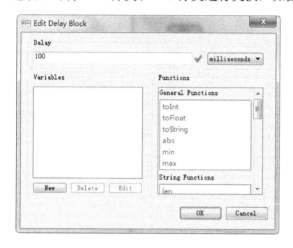

图 1-2-12 "Edit Delay Block"对话框　　　　图 1-2-13 "Edit Decision Block"对话框

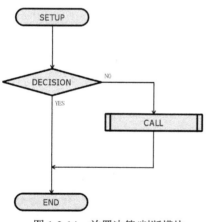

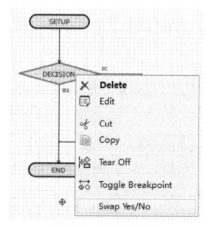

图 1-2-14 放置决策/判断模块　　　　　　　图 1-2-15 交换分支

循环结构模块包含了计数循环（Count Loop）、For-Next 循环（For-Next Loop）、While-Wend 循环（While-Wend Loop）和 Repeat-Until 循环（Repeat-Until Loop）。计数循环的具体参数设置如图 1-2-16 所示；For-Next 循环的具体参数设置如图 1-2-17 所示；While-Wend 循环的具体参数设置如图 1-2-18 所示；Repeat-Until 循环的具体参数设置如图 1-2-19 所示。

互联模块基本上是"虚拟连接"，并且需要成对。如果有两个互联模块具有相同的数字，可以想象是一个看不见的线将其连接在一起。互联模块的目的是将流程图逻辑拆分为多个列。可以拖放两个互联模块，将它们链接到流程图，然后重新编号即可。或者可以简单地右键单击并 Split（分离）向导线，如图 1-2-20 所示。

第 1 章　Arduino 可视化设计　　13

图 1-2-16　计数循环

图 1-2-17　For-Next 循环

图 1-2-18　While-Wend 循环

图 1-2-19　Repeat-Until 循环

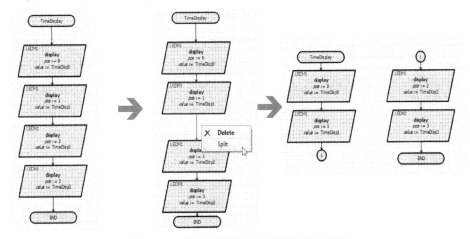

图 1-2-20　用互联模块分离成两个独立的线

注释模块可以自由输入描述性文本（见图 1-2-21）以及设置文本的属性（见图 1-2-22）。

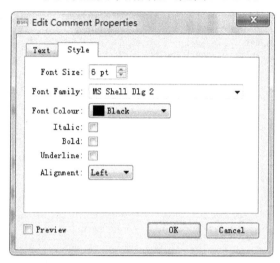

图 1-2-21　输入描述性文本　　　　　图 1-2-22　设置文本的属性

1.2.2　系统仿真

【开始仿真】：若要开始仿真，可以单击动画控制面板上的"播放"按钮。程序将进行编译并且仿真进度将在状态栏上显示，如图 1-2-23 所示。

图 1-2-23　状态栏显示仿真进度

【停止仿真】：若要停止仿真，可以单击动画控制面板上的"停止"按钮，如图 1-2-24 所示，整个工程将停止仿真。

图 1-2-24　通过控制面板停止仿真

【暂停仿真】：暂停 Proteus 仿真是一个重要的概念。当仿真暂停时，程序和元器件处于当前静止状态，例如，电容器不会放电，电机将保持其角位置和动量，这样便可以使用户检查程序和虚拟硬件。若要暂停运行的仿真，可以单击动画控制面板上的"暂停"按钮，如图 1-2-25 所示。

图 1-2-25　暂停仿真

当单击动画控制面板上的"暂停"按钮后，Proteus 软件的 Visual Designer 界面如图 1-2-26 所示。

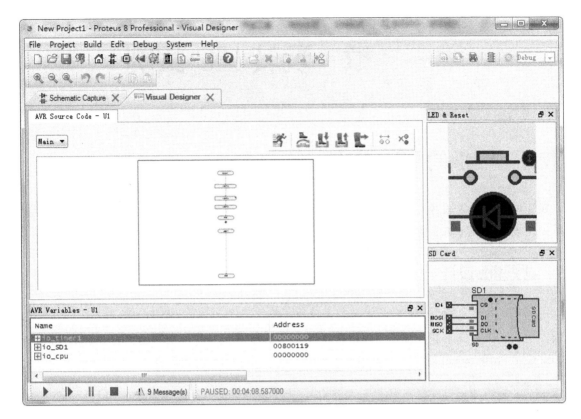

图 1-2-26　暂停仿真后 Proteus 软件的 Visual Designer 界面

第 2 章 玩转 LED 实例

2.1 闪烁的 LED 实例

对于电子设计初学者来说,最容易入手的实例就是从玩转 LED 开始。本节将从原理图到程序可视化设计来讲述如何使 LED 闪烁。

2.1.1 原理图设计

执行"开始"→"所有程序"→"Proteus 8 Professional"命令,依次打开文件夹,如图 2-1-1 所示。由于操作系统不同,快捷方式位置可能会略有变化。单击 Proteus 8 Professional 图标,启动 Proteus 8 Professional 软件,Proteus 8 Professional 主窗口如图 2-1-2 所示。

图 2-1-1 快捷方式所在位置

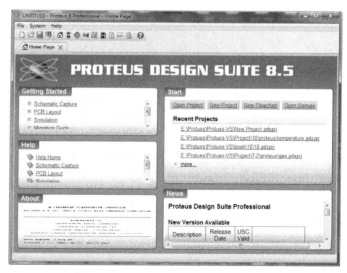

图 2-1-2 Proteus 8 Professional 主窗口

执行 File → New Project 命令,弹出"New Project Wizard:Start"对话框,在"Name"栏输入"LED1"作为工程名,在"Path"栏选择存储路径为"E:\玩转电子设计系列丛书\可视化实例设计\project\2",如图 2-1-3 所示。

单击如图 2-1-3 所示对话框中的 Next 按钮,弹出"New Project Wizard:Schematic Design"

对话框，选中"Create a schematic from the selected template"选项，在"Design Templates"栏中选择"DEFAULT"，如图 2-1-4 所示。

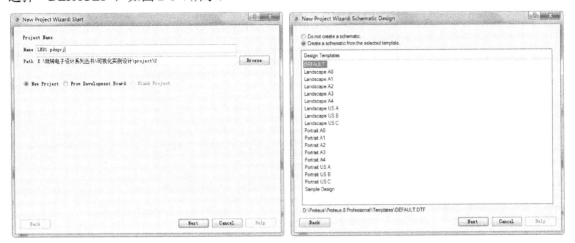

图 2-1-3 设置工程名和选择存储路径　　　　图 2-1-4 选择"DEFAULT"

单击如图 2-1-4 所示对话框中的 Next 按钮，弹出"New Project Wizard:PCB Layout"对话框，选中"Do not create a PCB layout"选项，如图 2-1-5 所示。单击对话框中的 Next 按钮，弹出"New Project Wizard:Firmware"对话框，选中"Create Flowchart Project"选项，选择开发板为"ARDUINO"，控制器为"Arduino Uno"，编译环境为"Visual Designer for Arduino AVR"，如图 2-1-6 所示。

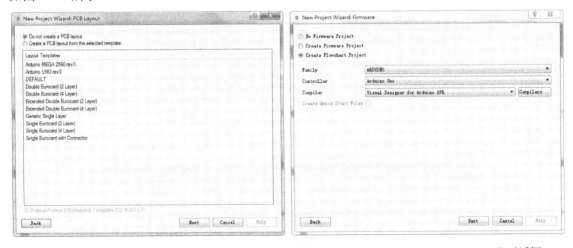

图 2-1-5 创建 PCB 图纸　　　　图 2-1-6 "New Project Wizard:Firmware"对话框

单击如图 2-1-6 所示对话框中的 Next 按钮，弹出"New Project Wizard:Summary"对话框，如图 2-1-7 所示，对相关工程信息确认后，单击对话框中的 Finish 按钮，弹出 Proteus 软件的主窗口，进入新建工程界面，如图 2-1-8 所示。至此，新建工程创建完毕。

Visual Designer 界面中"Projects"栏如图 2-1-9 所示，右键单击工程树中的 ARDUINO UNO(U1) 选项，弹出子菜单如图 2-1-10 所示。单击子菜单中的 Add Peripheral 选项，弹出"Select Peripheral"对话框，在"Peripheral Category"下拉列表中选择"Grove"，并在其子库中选择"Grove LED（Green）"，如图 2-1-11 所示。

18　用 Proteus 可视化设计玩转 Arduino

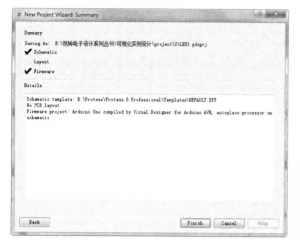

图 2-1-7 "New Project Wizard:Summary" 对话框

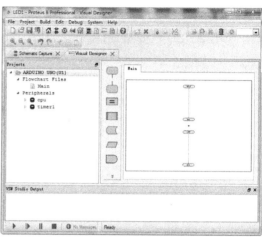

图 2-1-8 进入新建工程界面

图 2-1-9 "Projects" 栏（1）

图 2-1-10 子菜单

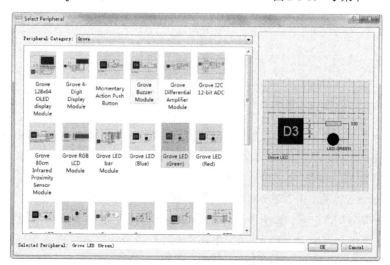

图 2-1-11 "Select Peripheral" 对话框

单击"Select Peripheral"对话框中的 OK 按钮，即可将 Grove LED（Green）放置在图纸上，放置完毕后，Schematic Capture 界面中的闪烁的 LED 原理图如图 2-1-12 所示，Visual Designer 界面中的"Projects"栏如图 2-1-13 所示，代表 Grove LED（Green）已经成功添加到工程中。

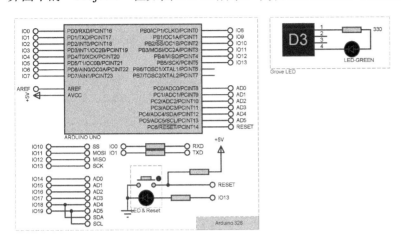

图 2-1-12　闪烁的 LED 原理图　　　　　　　图 2-1-13　"Projects"栏（2）

至此，闪烁的 LED 原理图设计完毕。

2.1.2　可视化流程图设计

初始化 main 函数流程图，如图 2-1-14 所示分为两段，分别为初始化模块流程图，如图 2-1-14（a）所示；以及循环模块流程图，如图 2-1-14（b）所示。

将 LED1 中的 on 框图用鼠标拖曳到循环模块流程图中，直至出现连接节点，放置完毕后的流程图如图 2-1-15 所示，当程序运行至 LED1 的 on 框图时，代表亮起 LED1。

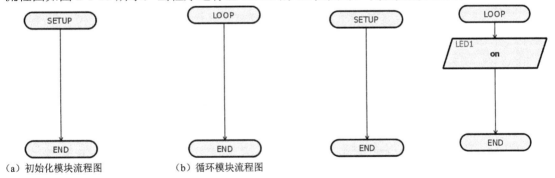

（a）初始化模块流程图　　（b）循环模块流程图
图 2-1-14　初始化 main 函数流程图　　　　　图 2-1-15　放置 on 框图后的流程图

将 Time Delay 框图用鼠标拖曳到循环模块流程图中，并放置在 LED1 中的 on 框图的下面。放置完毕后，双击刚刚放置的 Time Delay 框图，弹出"Edit Delay Block"对话框，将 Delay 参数设置为 1000，如图 2-1-16 所示。Time Delay 框图的参数设置完毕后，main 函数流程图如图 2-1-17 所示。当程序运行至 Time Delay 框图时，代表其进入延时程序。

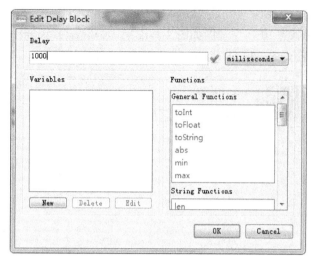

图 2-1-16 Time Delay 框图参数设置

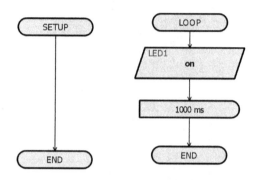

图 2-1-17 放置 Time Delay 框图后的流程图（1）

将 LED1 中的 off 框图用鼠标拖曳到循环模块流程图中，并放置在 Time Delay 框图的下面。放置完毕后，main 函数流程图如图 2-1-18 所示。当程序运行至 LED1 中的 off 框图时，代表 LED1 熄灭。

将 Time Delay 框图用鼠标拖曳到循环模块流程图中，并放置在 LED1 中的 off 框图的下面。放置完毕后，双击刚刚放置的 Time Delay 框图，弹出"Edit Delay Block"对话框，将 Delay 参数设置为 1000。Time Delay 框图的参数设置完毕后，main 函数流程图如图 2-1-19 所示。当程序运行至 Time Delay 框图时，代表其进入延时程序。

至此，闪烁的 LED 可视化流程图设计完毕。

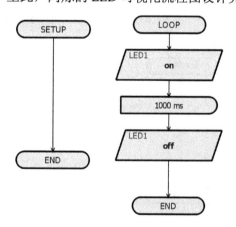

图 2-1-18 放置 off 框图后的流程图

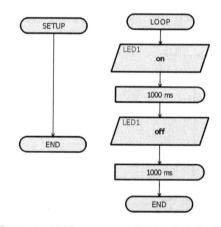

图 2-1-19 放置 Time Delay 框图后的流程图（2）

2.1.3 仿真验证

在 Proteus 主菜单中，执行 Debug → Run Simulation 命令，运行 LED1 工程，可见 LED1 开始闪烁，如图 2-1-20 和图 2-1-21 所示。

经仿真验证，LED 闪烁基本满足要求。

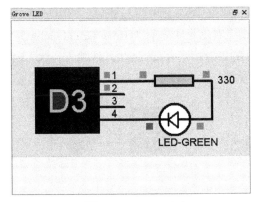
图 2-1-20 LED 亮起

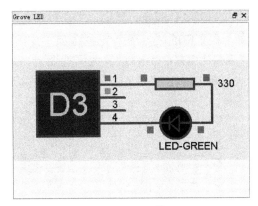
图 2-1-21 LED 熄灭

小提示

◎ 将 Time Delay 框图中的 Delay 参数值减小，可以加快 LED 闪烁频率。
◎ 将 Time Delay 框图中的 Delay 参数值增大，可以减慢 LED 闪烁频率。
◎ 扫描右侧二维码可观看 LED 闪烁的仿真结果。

2.2 键控 LED 实例

本节将从原理图到可视化设计来讲述如何使用按键来控制 LED。

2.2.1 原理图设计

仿照 2.1.1 节新建工程，并将其命名为"LED2"，工程新建完毕后，原理图中自动出现单片机最小系统电路，如图 2-2-1 所示。

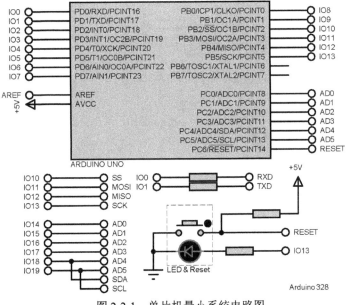
图 2-2-1 单片机最小系统电路图

在 Visual Designer 界面，右键单击工程树中的 ◢ 📂 ARDUINO UNO(U1) 选项，弹出子菜单。单击子菜单中的 Add Peripheral 选项，在"Select Peripheral"对话框中选择"Grove LED（Green）"，将 Grove LED（Green）放置在原理图上，放置完毕后如图 2-2-2 所示。仿照此方法将 Grove LED（Red）和 Grove LED（Blue）也放置在原理图中，放置完毕后如图 2-2-3 所示。

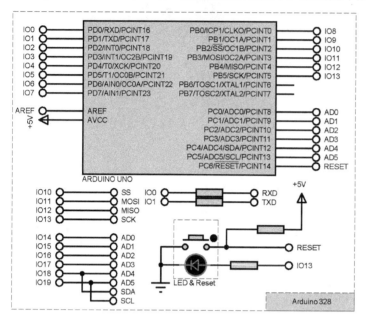
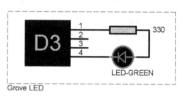

图 2-2-2　放置 Grove LED（Green）

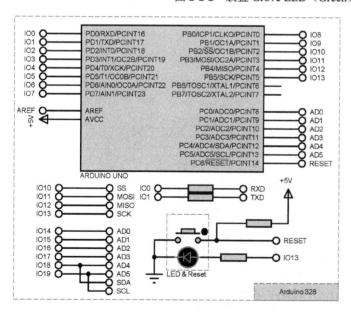
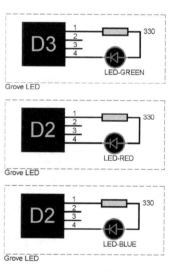

图 2-2-3　放置另外 2 个 LED

适当移动 3 个 LED 的位置，并重新为 3 个 Grove LED 定义引脚和命名。双击"Grove LED（Blue）"，弹出"Edit Component"对话框，将 Connector ID 设置为 D2，如图 2-2-4 所示。双击"Grove LED（Green）"，弹出"Edit Component"对话框，将 Connector ID 设置为 D3，如图 2-2-5 所示。双击"Grove LED（Red）"，弹出"Edit Component"对话框，将 Connector ID 设置为 D4，

如图 2-2-6 所示。

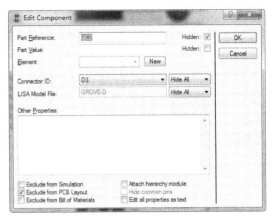

图 2-2-4 Grove LED（Blue）参数的设置　　图 2-2-5 Grove LED（Green）参数的设置

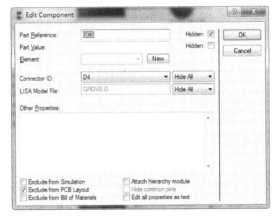

图 2-2-6 Grove LED（Red）参数的设置

在 Visual Designer 界面，右键单击工程树中的 ◢ 📂 ARDUINO UNO(U1) 选项，弹出子菜单。单击子菜单中的 Add Peripheral 选项，在 "Select Peripheral" 对话框中，在 "Peripheral Category" 下拉列表中选择 "Grove"，并在其子库中选择 "Momentary Action Push Button" 放置在原理图上，共放置 3 个 Grove Button，放置完毕后如图 2-2-7 所示。

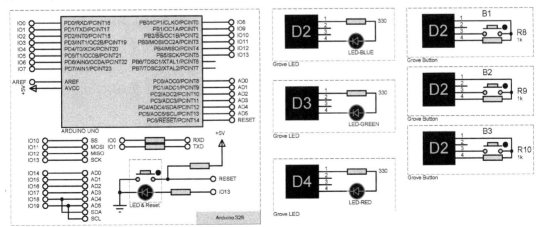

图 2-2-7 放置 Grove Button

双击图 2-2-7 中的 B1，弹出"Edit Component"对话框，将 Connector ID 设置为 D6。双击 B2，弹出"Edit Component"对话框，将 Connector ID 设置为 D7。双击 B3，弹出"Edit Component"对话框，将 Connector ID 设置为 D8。设置完毕后，完整的键控 LED 原理图如图 2-2-8 所示。

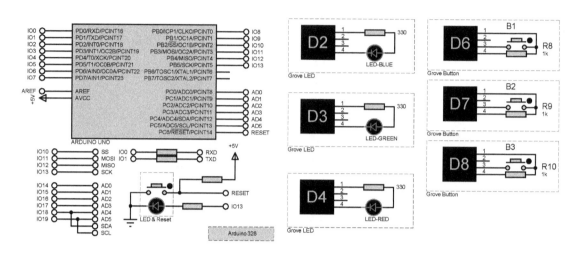

图 2-2-8　键控 LED 原理图

至此，键控 LED 原理图设计完毕。

2.2.2　可视化流程图设计

将 LED1 中的 off 框图、LED2 中的 off 框图和 LED3 中的 off 框图均加入到初始化模块流程图中，如图 2-2-9 所示，代表初始化时 LED1、LED2 和 LED3 均处于熄灭的状态。

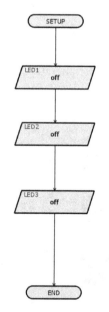

图 2-2-9　初始化模块流程图

将 B1（按键）判断框图放置在循环模块流程图中，将 LED1 中的 on 框图放置在 B1 判断框图的 YES 分支中，将 LED1 中的 off 框图放置在 B1 判断框图的 ON 分支中，如图 2-2-10 所示。代表当 B1 闭合时，LED1 均处于亮起的状态；当 B1 断开时，LED1 均处于熄灭的状态。

将 B2（按键）判断框图放置在循环模块流程图中，将 LED2 中的 on 框图放置在 B2 判断框图的 YES 分支中，将 LED2 中的 off 框图放置在 B2 判断框图的 ON 分支中，如图 2-2-11 所示。代表当 B2 闭合时，LED2 均处于亮起的状态；当 B2 断开时，LED2 均处于熄灭的状态。

将 B3（按键）判断框图放置在循环模块流程图中，将 LED3 中的 on 框图放置在 B3 判断框图的 YES 分支中，将 LED3 中的 off 框图放置在 B3 判断框图的 ON 分支中，如图 2-2-12 所示。代表当 B3 闭合时，LED3 均处于亮起的状态；当 B3 断开时，LED3 均处于熄灭的状态。

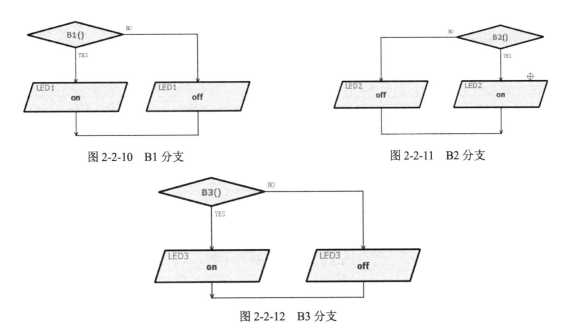

图 2-2-10　B1 分支　　　　　　　　图 2-2-11　B2 分支

图 2-2-12　B3 分支

整体流程图绘制完毕，如图 2-2-13 所示，代表一个按键控制一个 LED，并且互不干扰。LED1 根据按键 B1 的输入状态亮起或熄灭，LED2 根据按键 B2 的输入状态亮起或熄灭，LED3 根据按键 B3 的输入状态亮起或熄灭。

至此，键控 LED 可视化流程图设计完毕。

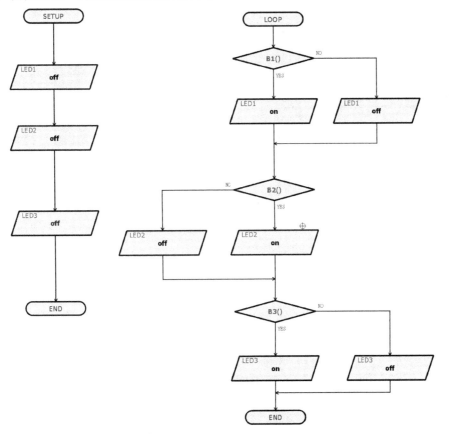

图 2-2-13　键控 LED 可视化流程图

2.2.3 仿真验证

在 Proteus 主菜单中,执行 Debug → Run Simulation 命令,运行仿真。切换至 Schematic Capture 界面,将按键 B1 闭合,按键 B2 断开,按键 B3 断开,可见 LED1(蓝色 LED)亮起,LED2(绿色 LED)熄灭,LED3(红色 LED)熄灭,如图 2-2-14 所示。

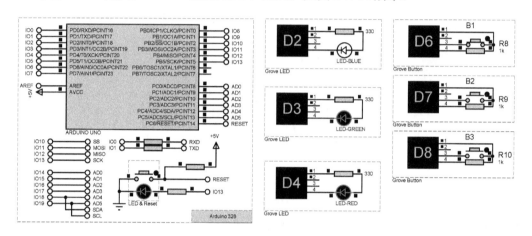

图 2-2-14 按键 B1 闭合、B2 和 B3 断开

将按键 B1 闭合,按键 B2 闭合,按键 B3 断开,可见 LED1(蓝色 LED)亮起,LED2(绿色 LED)亮起,LED3(红色 LED)熄灭,如图 2-2-15 所示。

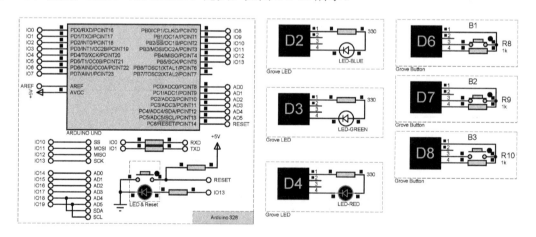

图 2-2-15 按键 B1 和 B2 闭合、B3 断开

将按键 B1 闭合,按键 B2 闭合,按键 B3 闭合,可见 LED1(蓝色 LED)亮起,LED2(绿色 LED)亮起,LED3(红色 LED)亮起,如图 2-2-16 所示。

将按键 B1 断开,按键 B2 闭合,按键 B3 闭合,可见 LED1(蓝色 LED)熄灭,LED2(绿色 LED)亮起,LED3(红色 LED)亮起,如图 2-2-17 所示。

将按键 B1 断开,按键 B2 断开,按键 B3 闭合,可见 LED1(蓝色 LED)熄灭,LED2(绿色 LED)熄灭,LED3(红色 LED)亮起,如图 2-2-18 所示。

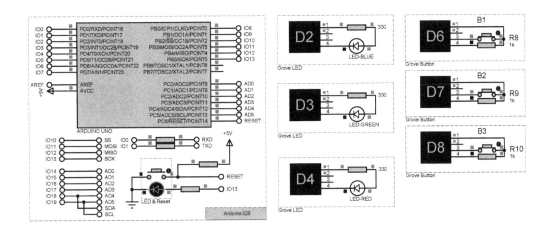

图 2-2-16　按键 B1、B2 和 B3 均闭合

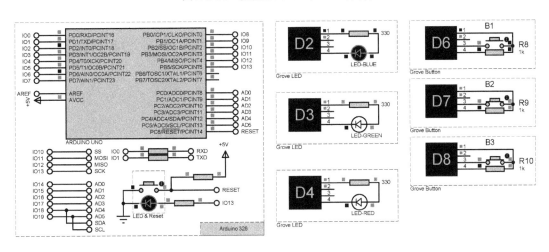

图 2-2-17　按键 B1 断开、B2 和 B3 闭合

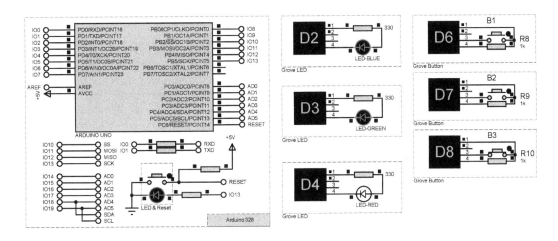

图 2-2-18　按键 B3 闭合、B1 和 B2 断开

将按键 B1 断开，按键 B2 断开，按键 B3 断开，可见 LED1（蓝色 LED）熄灭，LED2（绿色 LED）熄灭，LED3（红色 LED）熄灭，如图 2-2-19 所示。

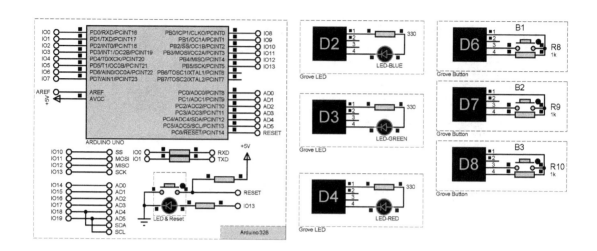

图 2-2-19　按键 B1、B2 和 B3 均断开

适当修改键控 LED 可视化流程图，可以实现 3 个按键一起控制 3 个 LED 同时亮起或者熄灭，修改完毕后的键控 LED 流程图如图 2-2-20 所示。

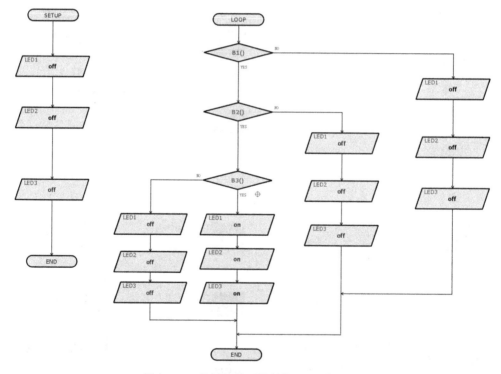

图 2-2-20　修改完毕后的键控 LED 流程图

在 Proteus 主菜单中，执行 Debug → Run Simulation 命令，运行仿真。将按键 B1 闭合，按键 B2 闭合，按键 B3 闭合，可见 LED1（蓝色 LED）亮起，LED2（绿色 LED）亮起，LED3（红色 LED）亮起，如图 2-2-21 所示。按键 B1、B2 和 B3 其中任意一个断开，3 个 LED 均不亮。

可见，经仿真验证，键控 LED 基本满足要求。

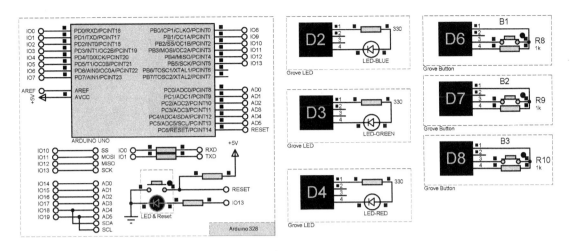

图 2-2-21　3 个 LED 同时亮起

小提示

◎ 读者可以自行设计其他形式的键控 LED。
◎ 扫描右侧二维码可观看键控 LED 的仿真结果。

2.3　流水灯实例

本节将从原理图到程序可视化设计来讲述如何 DIY 流水灯。

2.3.1　原理图设计

仿照 2.1.1 节新建工程，并将其命名为"LED3"，工程新建完毕后，原理图自动出现单片机最小系统电路图，如图 2-3-1 所示。

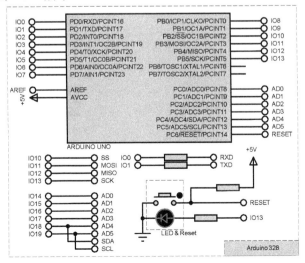

图 2-3-1　单片机最小系统电路图

在 Visual Designer 界面，右键单击工程树中的 ◢ ARDUINO UNO(U1) 选项，弹出子菜单。单击子菜单中的 Add Peripheral 选项，在"Select Peripheral"对话框中选择"Grove LED（Green）"并将其放置在原理图上。共放置 7 个绿色 LED，放置完毕后如图 2-3-2 所示。

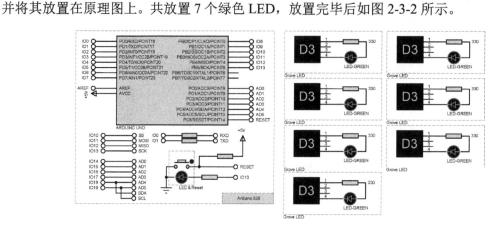

图 2-3-2 放置 LED 后

修改 7 个 LED 的相对位置，使它们排成一列，并依次修改 Connector ID，从上至下依次为 D2、D3、D4、D5、D6、D7 和 D8，如图 2-3-3 所示。

至此，流水灯原理图设计完毕。

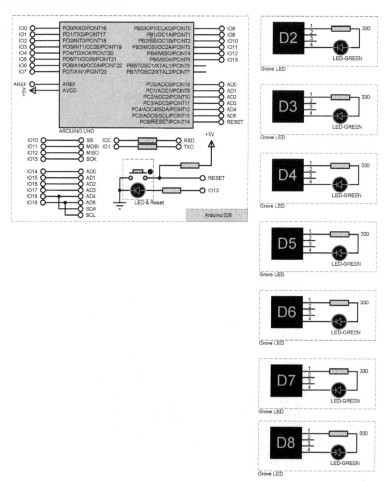

图 2-3-3 调整位置后的 LED

2.3.2 可视化流程图设计

将 LED1 中的 off 框图、LED2 中的 off 框图、LED3 中的 off 框图、LED4 中的 off 框图、LED5 中的 off 框图、LED6 中的 off 框图和 LED7 中的 off 框图均加入到初始化模块流程图中，如图 2-3-4 所示，代表初始化时 LED1、LED2、LED3、LED4、LED5、LED6 和 LED7 均处于熄灭的状态。

将 Event Block 框图放置在图纸上，并且将其命名为 S1，如图 2-3-5 所示。将 LED1 中的 on 框图、LED2 中的 off 框图、LED3 中的 off 框图、LED4 中的 off 框图、LED5 中的 off 框图、LED6 中的 off 框图和 LED7 中的 off 框图加入到 S1 中，如图 2-3-6 所示。代表 S1 状态时，LED1 处于亮起的状态，LED2、LED3、LED4、LED5、LED6 和 LED7 均处于熄灭的状态。

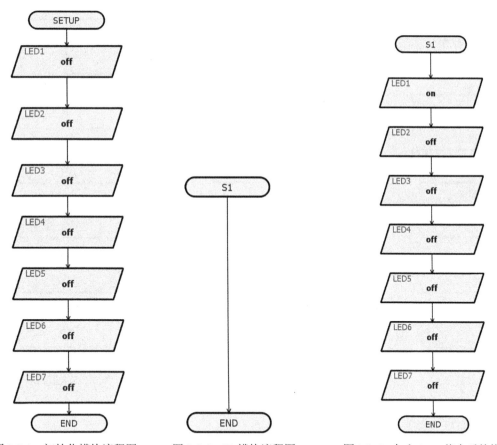

图 2-3-4　初始化模块流程图　　图 2-3-5　S1 模块流程图　　图 2-3-6　加入 LED 状态后的模块流程图

将 Event Block 框图放置在图纸上，并且将其命名为 S2。将 LED1 中的 off 框图、LED2 中的 on 框图、LED3 中的 off 框图、LED4 中的 off 框图、LED5 中的 off 框图、LED6 中的 off 框图和 LED7 中的 off 框图加入到 S2 模块流程图中，如图 2-3-7 所示。代表 S2 状态时，LED2 处于亮起起的状态，LED1、LED3、LED4、LED5、LED6 和 LED7 均处于熄灭的状态。

将 Event Block 框图放置在图纸上，并且将其命名为 S3。将 LED1 中的 off 框图、LED2 中的 off 框图、LED3 中的 on 框图、LED4 中的 off 框图、LED5 中的 off 框图、LED6 中的 off 框图和 LED7 中的 off 框图加入到 S3 模块流程图中，如图 2-3-8 所示。代表 S3 状态时，LED3 处于亮起的状态，LED1、LED2、LED4、LED5、LED6 和 LED7 均处于熄灭的状态。

将 Event Block 框图放置在图纸上，并且将其命名为 S4。将 LED1 中的 off 框图、LED2 中的 off 框图、LED3 中的 off 框图、LED4 中的 on 框图、LED5 中的 off 框图、LED6 中的 off 框图和 LED7 中的 off 框图加入到 S4 模块流程图中，如图 2-3-9 所示。代表 S4 状态时，LED4 处于亮起的状态，LED1、LED2、LED3、LED5、LED6 和 LED7 均处于熄灭的状态。

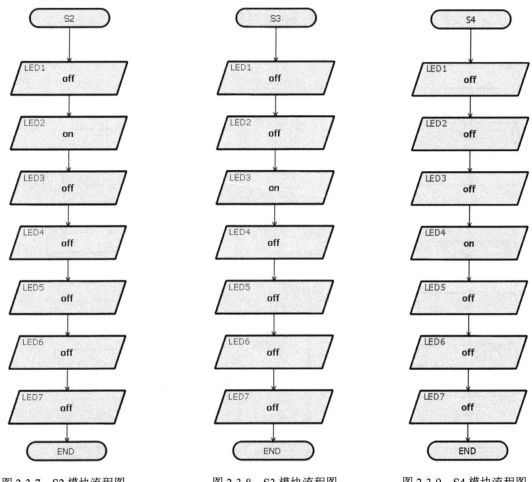

图 2-3-7　S2 模块流程图　　图 2-3-8　S3 模块流程图　　图 2-3-9　S4 模块流程图

将 Event Block 框图放置在图纸上，并且将其命名为 S5。将 LED1 中的 off 框图、LED2 中的 off 框图、LED3 中的 off 框图、LED4 中的 off 框图、LED5 中的 on 框图、LED6 中的 off 框图和 LED7 中的 off 框图加入到 S5 模块流程图中，如图 2-3-10 所示。代表 S5 状态时，LED5 处于亮起的状态，LED1、LED2、LED3、LED4、LED6 和 LED7 均处于熄灭的状态。

将 Event Block 框图放置在图纸上，并且将其命名为 S6。将 LED1 中的 off 框图、LED2 中的 off 框图、LED3 中的 off 框图、LED4 中的 off 框图、LED5 中的 off 框图、LED6 中的 on 框图和 LED7 中的 off 框图加入到 S6 模块流程图中，如图 2-3-11 所示。代表 S6 状态时，LED6 处于亮起的状态，LED1、LED2、LED3、LED4、LED5 和 LED7 均处于熄灭的状态。

将 Event Block 框图放置在图纸上，并且将其命名为 S7。将 LED1 中的 off 框图、LED2 中的 off 框图、LED3 中的 off 框图、LED4 中的 off 框图、LED5 中的 off 框图、LED6 中的 off 框图和 LED7 中的 on 框图加入到 S7 模块流程图中，如图 2-3-12 所示。代表 S7 状态时，LED7 处于亮起的状态，LED1、LED2、LED3、LED4、LED5 和 LED6 均处于熄灭的状态。

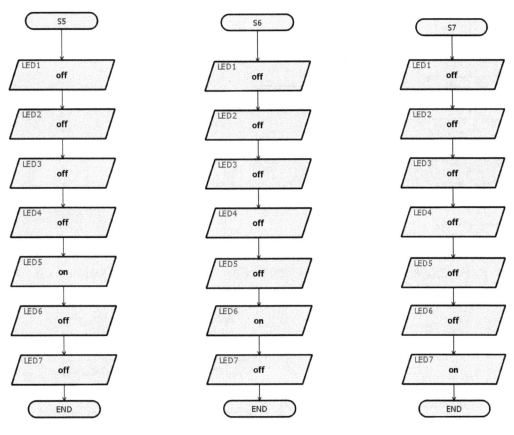

图 2-3-10　S5 模块流程图　　　图 2-3-11　S6 模块流程图　　　图 2-3-12　S7 模块流程图

将 Event Block 框图放置在图纸上，并且将其命名为 S8。将 LED1 中的 off 框图、LED2 中的 off 框图、LED3 中的 off 框图、LED4 中的 off 框图、LED5 中的 off 框图、LED6 中的 off 框图和 LED7 中的 off 框图加入到 S8 模块流程图中，如图 2-3-13 所示。代表 S8 状态时，LED1、LED2、LED3、LED4、LED5、LED6 和 LED7 均处于熄灭的状态。

将 Subroutine Call 框图[①]放置在循环模块流程图中，如图 2-3-14 所示。双击 Subroutine Call 框图，弹出"Edit Subroutine Call"对话框，将 Sheet 设置为 Main，Method 设置为 S1，如图 2-3-15 所示。

单击"Edit Subroutine Call"对话框中的 OK 按钮，加入 S1 子函数后的循环模块流程图，如图 2-3-16 所示。仿照此方法，在循环模块流程图中共放置 8 个 Subroutine Call 框图和 8 个 1000ms 延时框图，流水灯流程图如图 2-3-17 所示。

---

① 框图中无法显示过长的字符，Subroutine Call 框图即图 2-3-14 中的 CALL 框图。

至此，流水灯可视化流程图设计完毕。

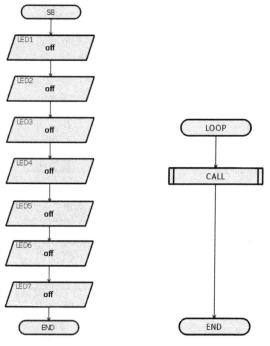

图 2-3-13　S8 模块流程图　　图 2-3-14　循环模块流程图　　图 2-3-15　"Edit Subroutine Call"对话框

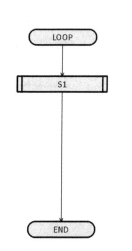

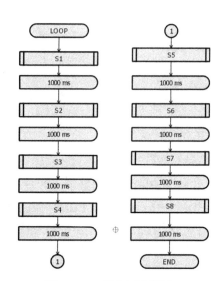

图 2-3-16　循环模块流程图　　　　图 2-3-17　流水灯流程图

2.3.3　仿真验证

在 Proteus 主菜单中，执行 Debug → Run Simulation 命令，运行仿真。切换至 Schematic Capture 界面，流水灯已经开始运行。进入 S1 状态时，LED1 处于亮起状态，LED2、LED3、LED4、LED5、LED6 和 LED7 均处于熄灭的状态，如图 2-3-18 所示。

进入 S2 状态时,LED2 处于亮起的状态,LED1、LED3、LED4、LED5、LED6 和 LED7 均处于熄灭的状态,如图 2-3-19 所示。

进入 S3 状态时,LED3 处于亮起的状态,LED1、LED2、LED4、LED5、LED6 和 LED7 均处于熄灭的状态,如图 2-3-20 所示。

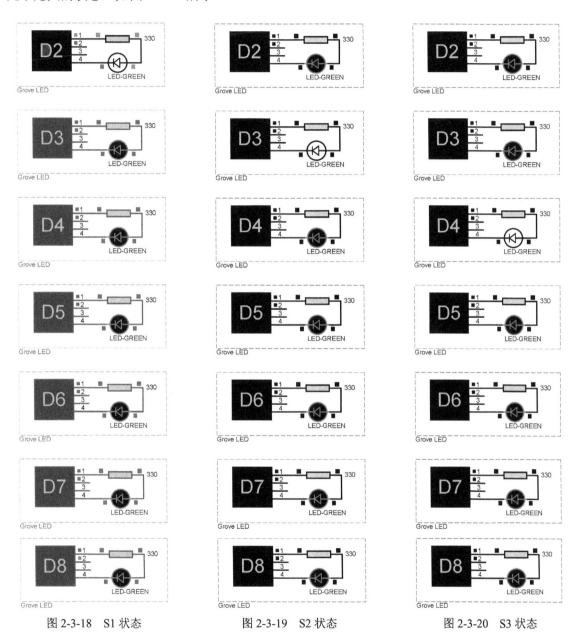

图 2-3-18　S1 状态　　　　　图 2-3-19　S2 状态　　　　　图 2-3-20　S3 状态

进入 S4 状态时,LED4 处于亮起的状态,LED1、LED2、LED3、LED5、LED6 和 LED7 均处于熄灭的状态,如图 2-3-21 所示。

进入 S5 状态时,LED5 处于亮起的状态,LED1、LED2、LED3、LED4、LED6 和 LED7 均处于熄灭的状态,如图 2-3-22 所示。

进入 S6 状态时，LED6 处于亮起的状态，LED1、LED2、LED3、LED4、LED5 和 LED7 均处于熄灭的状态，如图 2-3-23 所示。

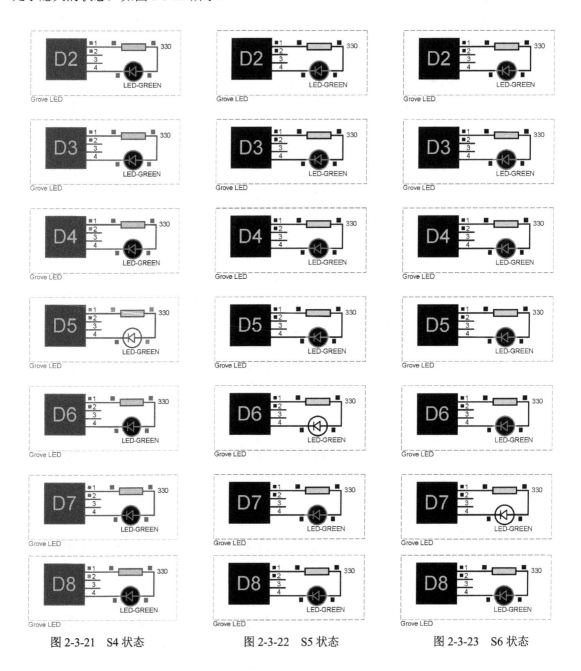

图 2-3-21　S4 状态　　　　图 2-3-22　S5 状态　　　　图 2-3-23　S6 状态

进入 S7 状态时，LED7 处于亮起的状态，LED1、LED2、LED3、LED4、LED5 和 LED6 均处于熄灭的状态，如图 2-3-24 所示。

进入 S8 状态时，LED1、LED2、LED3、LED4、LED5、LED6 和 LED7 均处于熄灭的状态，如图 2-3-25 所示。

可见，经仿真验证，流水灯基本满足要求。

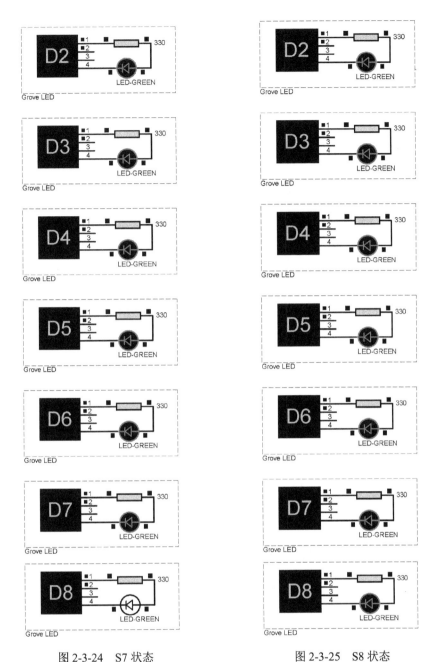

图 2-3-24　S7 状态　　　　　　　图 2-3-25　S8 状态

小提示

◎ 读者可以适当修改流水灯的延时。
◎ 扫描右侧二维码可观看流水灯的仿真结果。

2.4　花样流水灯实例

本节将从原理图到程序可视化设计来讲述如何 DIY 花样流水灯。

2.4.1 原理图设计

仿照 2.1.1 节新建工程，并将其命名为"LED4"，工程新建完毕后，原理图自动出现单片机最小系统电路图，如图 2-4-1 所示。

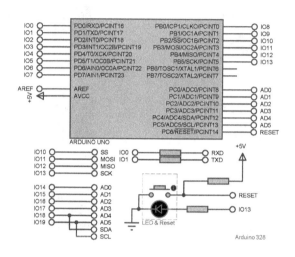

图 2-4-1 单片机最小系统电路图

在 Visual Designer 界面，右键单击工程树中的 ◢ 📁 ARDUINO UNO(U1) 选项，弹出子菜单。单击弹出的子菜单中的 Add Peripheral 选项，在"Select Peripheral"对话框中选择"Grove LED bar Module"并将其放置在原理图上，放置完毕后如图 2-4-2 所示。

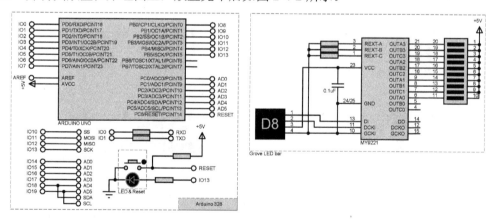

图 2-4-2 放置 LED 灯系后的原理图

至此，花样流水灯原理图设计完毕。

2.4.2 可视化流程图设计

将 Assignment Block 框图放置到初始化模块流程图中，双击 Assignment Block 框图，弹出"Edit Assignment Block"对话框，在"Edit Assignment Block"对话框中定义 4 个参数，并为

4个参数赋初值，如图 2-4-3 所示。单击"Edit Assignment Block"对话框中的 OK 按钮，Assignment Block 框图修改完毕，初始化模块流程图如图 2-4-4 所示。

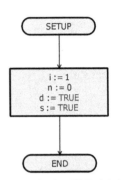

图 2-4-3 "Edit Assignment Block"对话框　　图 2-4-4 初始化模块流程图

将 Loop Construct 框图放置在循环模块流程图中。双击 Loop Construct 框图，弹出"Edit Loop"对话框，选择"For-Next Loop"选项卡，将 Loop Variable 设置为 n，Start Value 设置为 0，Stop Value 设置为 10，Step Value 设置为 1，如图 2-4-5 所示。设置完毕后，单击"Edit Loop"对话框中的 OK 按钮，将 Loop Construct 框图放置在循环模块流程图中，如图 2-4-6 所示。

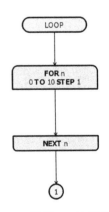

图 2-4-5 设置 Loop Construct 框图参数（1）　　图 2-4-6 放置 For 的循环框图（1）

将 Loop Construct 框图放置在循环模块流程图中。双击 Loop Construct 框图，弹出"Edit Loop"对话框，选择"For-Next Loop"选项卡，将 Loop Variable 设置为 i，Start Value 设置为 1，Stop Value 设置为 10，Step Value 设置为 1，如图 2-4-7 所示。设置完毕后，单击"Edit Loop"对话框中的 OK 按钮，将 Loop Construct 框图放置在 For 循环模块流程图中，如图 2-4-8 所示。

将 LEDC1 中的 setLevel 框图放置在 For 循环框图之中。双击 setLevel 框图，弹出"Edit I/O

Block"对话框，将 Level 设置为 i，如图 2-4-9 所示。设置完毕后，单击"Edit I/O Block"对话框中的 OK 按钮，将 setLevel 框图放置在 For 循环模块流程图中，将 Time Delay 框图放置在 For 循环框图之中，放置完毕后如图 2-4-10 所示。

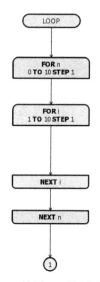

图 2-4-7　设置 Loop Construct 框图参数（2）　　　　图 2-4-8　放置 For 的循环框图（2）

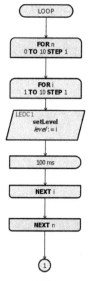

图 2-4-9　设置 setLevel 框图参数　　　　图 2-4-10　放置 setLevel 框图

将 LEDC1 中的 setOrientation 框图放置在 For 循环框图之中。双击 setOrientation 框图，弹出"Edit I/O Block"对话框，将 Orientation 设置为 d，如图 2-4-11 所示。设置完毕后，单击"Edit I/O Block"对话框中的 OK 按钮，将 setOrientation 框图放置在循环模块流程图中，放置完毕后如图 2-4-12 所示。

将 Assignment Block 框图放置在 For 循环框图之中。双击 Assignment Block 框图，弹出"Edit Assignment Block"对话框，将 Assignments 设置为 d=!d，如图 2-4-13 所示。设置完毕后，单击"Edit Assignment Block"对话框中的 OK 按钮，将 Assignment Block 框图放置在循环模块流程图中，放置完毕后如图 2-4-14 所示。

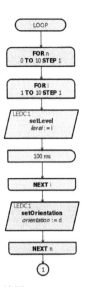

图 2-4-11　设置 setOrientation 框图参数　　　图 2-4-12　放置 setOrientation 框图

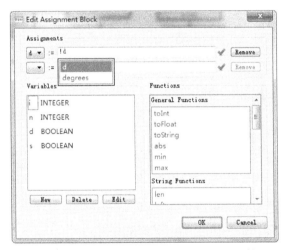
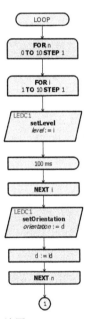

图 2-4-13　设置 Assignment Block 框图参数　　图 2-4-14　放置 Assignment Block 框图

至此，花样流水灯的第一种模式设计完毕。

花样流水灯的第二种模式从上至下依次放置 For 循环框图、LEDC1 中的 setOrientation 框图、Assignment Block 框图、For 循环框图、Assignment Block 框图、LEDC1 中的 toggleLed 框图、Time Delay 框图和 LEDC1 中的 setLed 框图。

第 1 个 For 循环框图参数设置如图 2-4-15 所示，选择"For-Next Loop"选项卡，Loop Variable 设置为 n，Start Value 设置为 0，Stop Value 设置为 10，Step Value 设置为 1。

LEDC1 中的 setOrientation 框图参数设置如图 2-4-16 所示，将 Orientation 设置为 d。

第 1 个 Assignment Block 框图参数设置如图 2-4-17 所示，将 Assignments 设置为 d=!d。

第 2 个 For 循环框图参数设置如图 2-4-18 所示，在"For-Next Loop"选项卡中将 Loop Variable 设置为变量 i，Start Value 设置为 1，Stop Value 设置为 10，Step Value 设置为 1。

图 2-4-15　设置第 1 个 For 循环框图参数

图 2-4-16　设置 setOrientation 框图参数

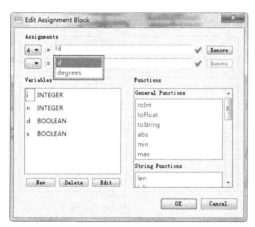

图 2-4-17　设置第 1 个 Assignment Block 框图参数

图 2-4-18　设置第 2 个 For 循环框图参数

第 2 个 Assignment Block 框图参数设置如图 2-4-19 所示，将 Assignments 设置为 s=!s。LEDC1 中的 toggleLed 框图参数设置如图 2-4-20 所示，将 Led 设置为 i。

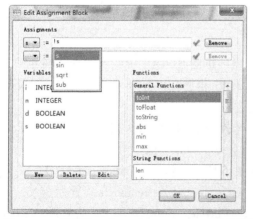

图 2-4-19　设置第 2 个 Assignment Block 框图参数

图 2-4-20　设置 toggleLed 框图参数

Time Delay 框图参数设置如图 2-4-21 所示，将 Delay 设置为 100。

LEDC1 中的 setLed 框图参数设置如图 2-4-22 所示，将 Led 设置为 i，State 设置为 FALSE。

图 2-4-21 设置 Time Delay 框图参数　　　　图 2-4-22 设置 setLed 框图参数

花样流水灯的第二种模式相关框图参数修改完毕后，流程图如图 2-4-23 所示。

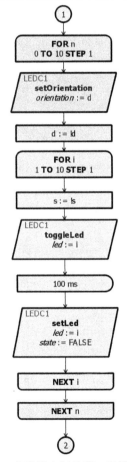

图 2-4-23 花样流水灯的第二种模式流程图

至此，花样流水灯的第二种模式设计完毕。

花样流水灯的第三种模式从上至下依次放置 For 循环框图、For 循环框图、Assignment Block 框图、LEDC1 中的 toggleLed 框图、LEDC1 中的 toggleLed 框图、Time Delay 框图、LEDC1 中的 setLed 框图和 LEDC1 中的 setLed 框图。

第 1 个 For 循环框图参数设置如图 2-4-24 所示，选择"For-Next Loop"选项卡，Loop Variable 设置为 n，Start Value 设置为 0，Stop Value 设置为 10，Step Value 设置为 1。

第 2 个 For 循环框图参数设置如图 2-4-25 所示，选择"For-Next Loop"选项卡，Loop Variable 设置为 i，Start Value 设置为 1，Stop Value 设置为 10，Step Value 设置为 1。

图 2-4-24　设置第 1 个 For 循环框图参数

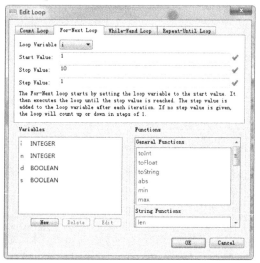
图 2-4-25　设置第 2 个 For 循环框图参数

Assignment Block 框图参数设置如图 2-4-26 所示，将 Assignments 设置为 s=！s。

LEDC1 中的第 1 个 toggleLed 框图参数设置如图 2-4-27 所示，将 Led 设置为 i。

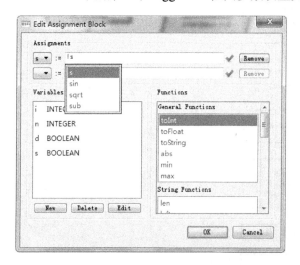
图 2-4-26　设置 Assignment Block 框图参数

图 2-4-27　设置第 1 个 toggleLed 框图参数

LEDC1 中的第 2 个 toggleLed 框图参数设置如图 2-4-28 所示，将 Led 设置为 10-i。

Time Delay 框图参数设置如图 2-4-29 所示，将 Delay 设置为 200。

第 2 章 玩转 LED 实例   45

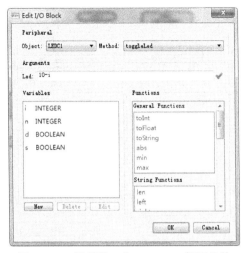

图 2-4-28　设置第 2 个 toggleLed 框图参数

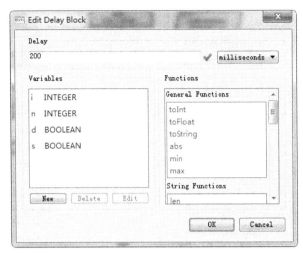

图 2-4-29　设置 Time Delay 框图参数

LEDC1 中的第 1 个 setLed 框图参数设置如图 2-4-30 所示，将 Led 设置为 i，State 设置为 FALSE。

LEDC1 中的第 2 个 setLed 框图参数设置如图 2-4-31 所示，将 Led 设置为 10-i，State 设置为 FALSE。

图 2-4-30　设置第 1 个 setLed 框图参数

图 2-4-31　设置第 2 个 setLed 框图参数

花样流水灯的第三种模式相关框图参数修改完毕后，流程图如图 2-4-32 所示。至此，花样流水灯整体流程图设计完毕，如图 2-4-33 所示。

2.4.3　仿真验证

在 Proteus 主菜单中，执行 Debug → Run Simulation 命令，运行仿真。切换至 Schematic Capture 界面，花样流水灯已经开始运行。

花样流水灯的第一种模式状态如图 2-4-34 和图 2-4-35 所示。图 2-4-34 表示 10 个 LED 自上至下依次亮起，图 2-4-35 表示 10 个 LED 自下至上依次亮起。

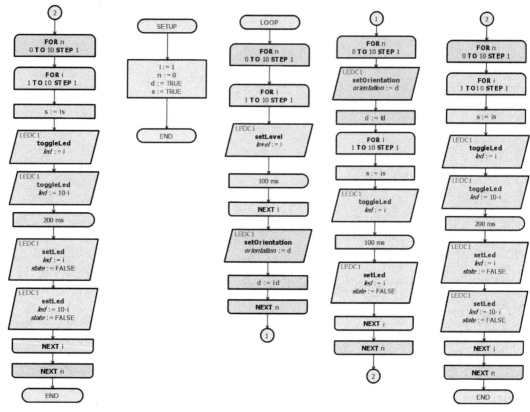

图 2-4-32　第三种模式流程图　　　　图 2-4-33　花样流水灯整体流程图

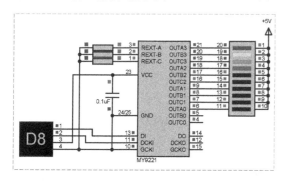

图 2-4-34　自上至下依次亮起

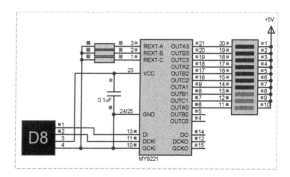

图 2-4-35　自下至上依次亮起

花样流水灯的第二种模式状态如图 2-4-36 和图 2-4-37 所示。图 2-4-36 表示 10 个 LED 自上至下依次亮起、熄灭，图 2-4-37 表示 10 个 LED 自下至上依次亮起、熄灭。

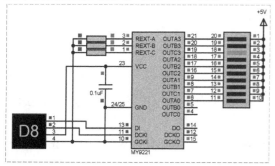

图 2-4-36　自上至下依次亮起、熄灭

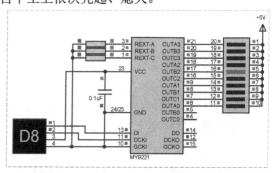

图 2-4-37　自下至上依次亮起、熄灭

花样流水灯的第三种模式状态如图 2-4-38 和图 2-4-39 所示，表示 10 个 LED 从上下两端向中间依次亮起、熄灭。

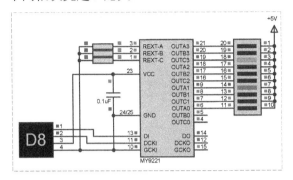 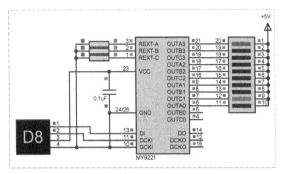

图 2-4-38　两端向中间依次亮起、熄灭（1）　　图 2-4-39　两端向中间依次亮起、熄灭（2）

可见，经仿真验证，花样流水灯基本满足要求。

小提示

◎ 读者可以适当修改花样流水灯的延时。
◎ 扫描右侧二维码可观看花样流水灯的仿真结果。

第 3 章 玩转显示屏实例

3.1 LCD1602 显示屏实例

LCD1602 显示屏是一种工业字符型液晶显示屏，能够同时显示 16×02（即 32）个字符，本小节将从原理图到程序可视化设计来讲述如何使用 LCD1602 显示屏。

3.1.1 原理图设计

仿照 2.1.1 节新建工程步骤，并将其命名为"LCD1"，工程新建完毕后，原理图中自动出现单片机最小系统电路图，如图 3-1-1 所示。

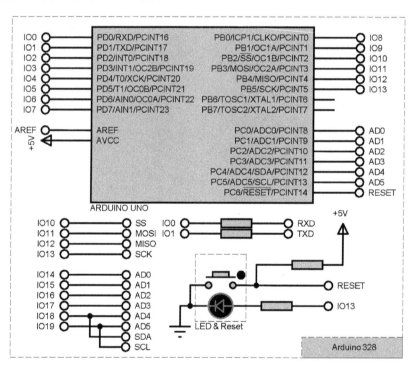

图 3-1-1 LCD1 单片机最小系统电路图

在 Visual Designer 界面，右键单击工程树中的 ARDUINO UNO(U1) 选项，弹出子菜单。单击子菜单中的 Add Peripheral 选项，弹出"Select Peripheral"对话框，在"Peripheral Category"下拉列表中选择"Breakout Peripheral"，并在其子库中选择"Arduino Alphanumeric Lcd 16×2 breakout board"，如图 3-1-2 所示。

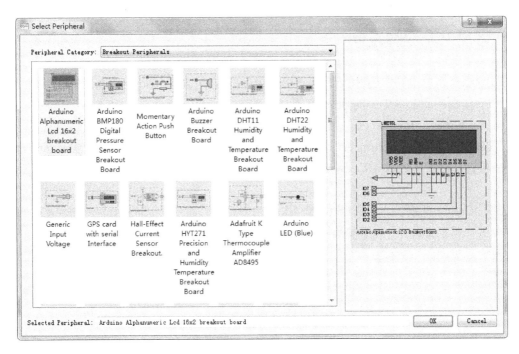

图 3-1-2 "Select Peripheral"对话框

单击"Select Peripheral"对话框中的 OK 按钮,即可将 Arduino Alphanumeric Lcd 16×2 breakout board 放置在图纸上,放置完毕后,Schematic Capture 界面中 LCD1602 显示屏电路原理图如图 3-1-3 所示。LM016L 的 VDD 引脚接入+5V 电源网络,VSS 引脚、VEE 引脚、RW 引脚、D0 引脚、D1 引脚、D2 引脚和 D3 引脚均接入"Ground"网络,RS 引脚与 Arduino 单片机的 IO7 引脚相连,E 引脚与 Arduino 单片机的 IO6 引脚相连,D4 引脚与 Arduino 单片机的 IO5 引脚相连,D5 引脚与 Arduino 单片机的 IO4 引脚相连,D6 引脚与 Arduino 单片机的 IO3 引脚相连,D7 引脚与 Arduino 单片机的 IO2 引脚相连。

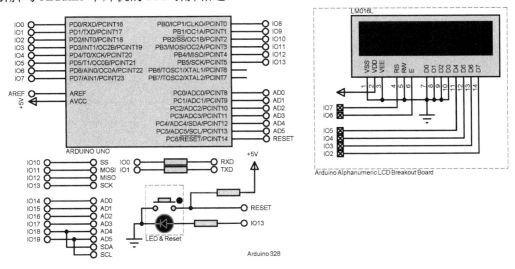

图 3-1-3 LCD1602 显示屏电路原理图

至此,LCD1602 显示屏电路原理图设计完毕。

3.1.2 可视化流程图设计

LCD1602 显示屏电路中的 SETUP 流程图自上至下依次放置 Assignment Block 框图、LCD1 中的 setCursor 框图和 LCD1 中的 print 框图。

双击 Assignment Block 框图，弹出"Edit Assignment Block"对话框，在"Variables"栏新建格式 INTEGER 的变量为 number，新建格式 BOOLEAN 的变量为 bool，在"Assignments"栏为变量赋初值，设置 number=0，bool=FALSE。Assignment Block 框图全部参数设置如图 3-1-4 所示。

双击 setCursor 框图，弹出"Edit I/O Block"对话框，在"Arguments"栏中将 Col 及 Row 均设置为 0。setCursor 框图全部参数设置如图 3-1-5 所示。

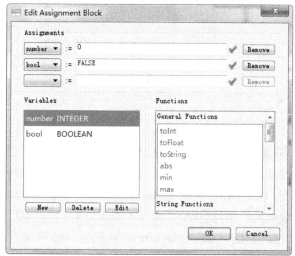

图 3-1-4　设置 Assignment Block 框图参数

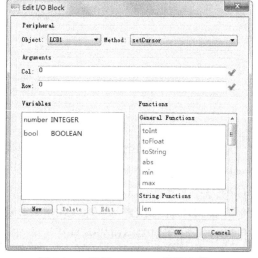

图 3-1-5　设置 setCursor 框图参数

双击 print 框图，弹出"Edit I/O Block"对话框，在"Arguments"栏中填写"Welcome to book"。print 框图全部参数设置如图 3-1-6 所示。

至此，SETUP 流程图设计完毕，如图 3-1-7 所示。

图 3-1-6　设置 print 框图参数

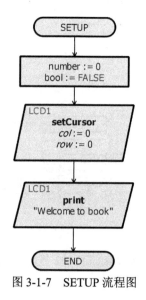

图 3-1-7　SETUP 流程图

LCD1602 显示屏电路中的 LOOP 流程图自上至下依次放置 setCursor 框图、LCD1 中的 print 框图、Time Delay 框图和 Assignment Block 框图。

双击 setCursor 框图，弹出"Edit I/O Block"对话框，在"Arguments"栏中将 Col 设置为 0，将 Row 设置为 1。setCursor 框图全部参数设置如图 3-1-8 所示。

双击 print 框图，弹出"Edit I/O Block"对话框，在"Arguments"栏中填写"LOOP+1:",number," 0+1:",bool。print 框图全部参数设置如图 3-1-9 所示。

 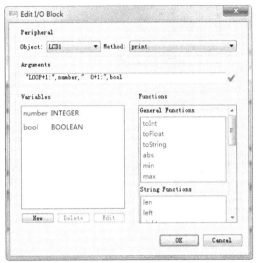

图 3-1-8　设置 setCursor 框图参数　　　　图 3-1-9　设置 print 框图参数

双击 Time Delay 框图，弹出"Edit Delay Block"对话框，在"Delay"栏中输入 1000。Time Delay 框图全部参数设置如图 3-1-10 所示。

双击 Assignment Block 框图，弹出"Edit Assignment Block"对话框，在 Assignments 栏为变量赋值，设置 number:=number+1，设置 bool:=！bool。Assignment Block 框图全部参数设置如图 3-1-11 所示。

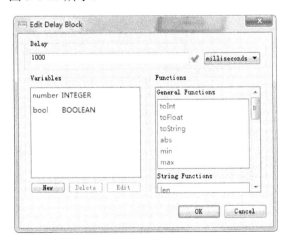 

图 3-1-10　设置 Time Delay 框图参数　　　图 3-1-11　设置 Assignment Block 框图参数

LCD1602 显示屏电路中 LOOP 流程图相关框图参数修改完毕后，LOOP 流程图如图 3-1-12 所示。至此，LCD1602 显示屏电路整体可视化流程图设计完毕，如图 3-1-13 所示。

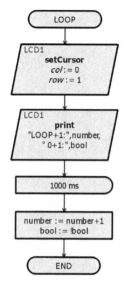

图 3-1-12 LOOP 流程图

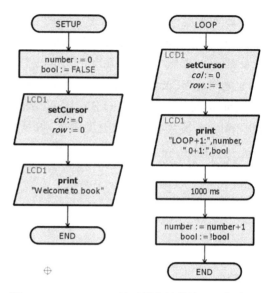

图 3-1-13 LCD1602 显示屏电路整体可视化流程图

3.1.3 仿真验证

在 Proteus 主菜单中,执行 Debug → Run Simulation 命令,运行 LCD1 工程,可见 LCD1602 开始显示字符,如图 3-1-14 所示,LCD1602 显示屏第一行显示"Welcome to book",第二行显示"LOOP+1:8 0+1:0"。

稍后,LCD1602 开始显示字符如图 3-1-15 所示,LCD1602 显示屏第一行显示"Welcome to book",第二行显示"LOOP+1:49 0+1:1"。

经仿真验证,LCD1602 显示屏电路基本满足要求。

图 3-1-14 LCD1602 显示字符(1)

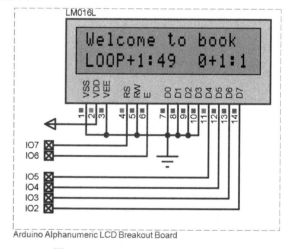

图 3-1-15 LCD1602 显示字符(2)

小提示

◎ 将 Time Delay 框图中的 Delay 参数值减小,可以加快 LCD1602 显示屏的切换速度。

◎ 将 Time Delay 框图中的 Delay 参数值增大,可以减慢 LCD1602 显示屏的切换速度。
◎ 扫描右侧二维码可观看 LCD1602 显示屏的仿真结果。

3.2 OLED128064 显示屏实例

本小节将从原理图到程序可视化设计来讲述如何使用 OLED128064 显示屏。

3.2.1 原理图设计

仿照 2.1.1 节新建工程,并将其命名为"LCD2",工程新建完毕后,原理图中自动出现单片机最小系统电路图,如图 3-2-1 所示。

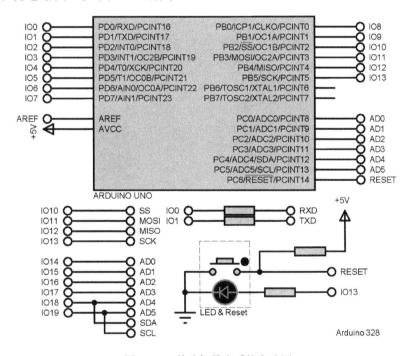

图 3-2-1 单片机最小系统电路图

在 Visual Designer 界面,右键单击工程树中的 ◢ 📂 ARDUINO UNO(U1) 选项,弹出子菜单。单击子菜单中的 Add Peripheral 选项,弹出"Select Peripheral"对话框,在"Peripheral Category"下拉列表中选择"Grove",并在其子库中选择"Grove 128×64 OLED display Module",如图 3-2-2 所示。

单击"Select Peripheral"对话框中的 OK 按钮,即可将 Grove 128×64 OLED display Module 放置在图纸上,放置完毕后,Schematic Capture 界面中的 OLED128064 显示屏电路原理图如图 3-2-3 所示。LY190-128064 的 D0 引脚与 I^2C 模块的引脚 1 相连,D1 引脚和 D2 引脚与 I^2C 模块的引脚 2 相连,D3 引脚、D4 引脚、D5 引脚、D6 引脚和 D7 引脚与 I^2C 模块的引脚 4 相连。

切换至 Schematic Capture 界面,在界面左侧的"INSTRUMENTS"选项卡中,选择 I2C DEBUGGER,如图 3-2-4 所示,并将其拖曳至原理图图纸中。I2C DEBUGGER 的 SDA 引脚与

Arduino 单片机的 AD4 引脚相连，SCL 引脚与 Arduino 单片机的 AD5 引脚相连，如图 3-2-5 所示。

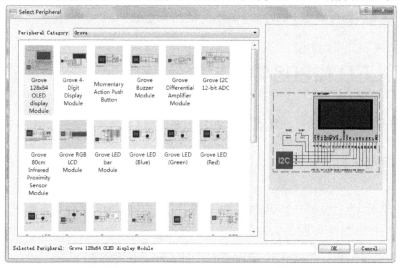

图 3-2-2　"Select Peripheral"对话框

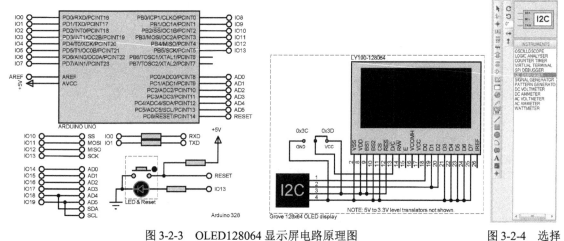

图 3-2-3　OLED128064 显示屏电路原理图　　　　图 3-2-4　选择 I2C DEBUGGER

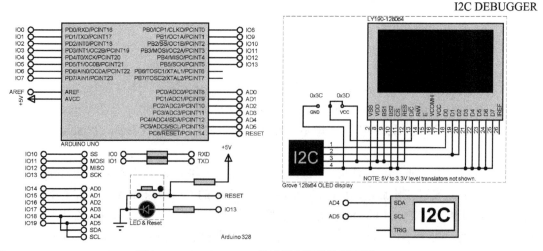

图 3-2-5　OLED128064 显示屏电路整体原理图

至此，OLED128064 显示屏电路原理图设计完毕。

3.2.2 可视化流程图设计

OLED128064 显示屏电路中的 SETUP 流程图自上至下依次放置 LCD1 中的 clearDisplay 框图、setTextColor 框图、setTextSize 框图、println 框图、display 框图、setTextSize 框图、print 框图、display 框图和 Time Delay 框图。

双击 clearDisplay 框图，弹出"Edit I/O Block"对话框，所有参数选择默认设置，如图 3-2-6 所示。

双击 setTextColor 框图，弹出"Edit I/O Block"对话框，在"Arguments"栏中将 Colour 设置为 WHITE。setTextColor 框图全部参数设置如图 3-2-7 所示。

图 3-2-6　设置 clearDisplay 框图参数　　　　图 3-2-7　设置 setTextColor 框图参数

双击 setTextSize 框图，弹出"Edit I/O Block"对话框，在"Arguments"栏中将 Size 设置为 2。第 1 个 setTextSize 框图全部参数设置如图 3-2-8 所示。

双击 println 框图，弹出"Edit I/O Block"对话框，在"Arguments"栏中填入"PRINT TEST"。println 框图全部参数设置如图 3-2-9 所示。

双击 display 框图，弹出"Edit I/O Block"对话框，所有参数选择默认设置，如图 3-2-10 所示。

双击 setTextSize 框图，弹出"Edit I/O Block"对话框，在"Arguments"栏中将 Size 设置为 1。第 2 个 setTextSize 框图全部参数设置如图 3-2-11 所示。

双击 print 框图，弹出"Edit I/O Block"对话框，在"Arguments"栏中填入"Welcome to book"。print 框图全部参数设置如图 3-2-12 所示。

双击 display 框图，弹出"Edit I/O Block"对话框，所有参数选择默认设置，如图 3-2-10 所示。

双击 Time Delay 框图，弹出"Edit Delay Block"对话框，在"Delay"栏中输入 1000。Time Delay 框图全部参数设置如图 3-2-13 所示。至此，SETUP 流程图设计完毕，如图 3-2-14 所示。

图 3-2-8　设置第 1 个 setTextSize 框图参数

图 3-2-9　设置 println 框图参数

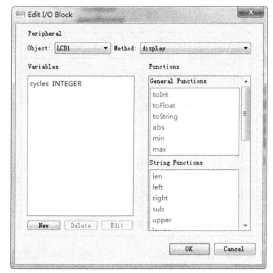

图 3-2-10　设置 display 框图参数

图 3-2-11　设置第 2 个 setTextSize 框图参数

图 3-2-12　设置 print 框图参数

第 3 章 玩转显示屏实例   57

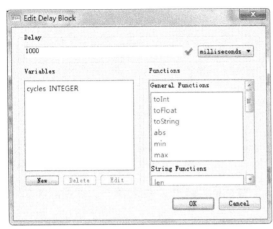

图 3-2-13　设置 Time Delay 框图参数

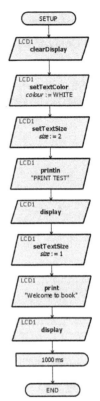

图 3-2-14　SETUP 流程图

OLED128064 显示屏电路中的 LOOP 流程图自上至下依次放置 LCD1 中的 invertDisplay 框图、display 框图、Time Delay 框图、invertDisplay 框图、display 框图和 Time Delay 框图。

双击 invertDisplay 框图，弹出"Edit I/O Block"对话框，在"Arguments"栏中将 Invert 设置为 TRUE。第 1 个 invertDisplay 框图全部参数设置如图 3-2-15 所示。

双击 display 框图，弹出"Edit I/O Block"对话框，所有参数选择默认设置，第 1 个 display 框图参数设置如图 3-2-16 所示。

图 3-2-15　设置第 1 个 invertDisplay 框图参数

图 3-2-16　设置第 1 个 display 框图参数

双击 Time Delay 框图，弹出"Edit Delay Block"对话框，在"Delay"栏中输入 1000。第 1 个 Time Delay 框图全部参数设置如图 3-2-17 所示。

双击 invertDisplay 框图，弹出"Edit I/O Block"对话框，在"Arguments"栏中将 Invert 设置为 FALSE。第 2 个 invertDisplay 框图全部参数设置如图 3-2-18 所示。

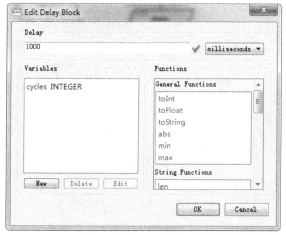 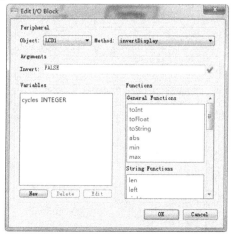

图 3-2-17 设置 Time Delay 框图参数　　　　图 3-2-18 设置第 2 个 invertDisplay 框图参数

双击 display 框图，弹出"Edit I/O Block"对话框，所有参数选择默认设置，第 2 个 display 框图参数设置如图 3-2-16 所示。

双击 Time Delay 框图，弹出"Edit Delay Block"对话框，在"Delay"栏中输入 1000。第 2 个 Time Delay 框图全部参数设置如图 3-2-17 所示。

OLED128064 显示屏电路中 LOOP 流程图相关框图参数修改完毕后，LOOP 流程图如图 3-2-19 所示。至此，OLED128064 显示屏电路整体第 2 个流程图设计完毕，如图 3-2-20 所示。

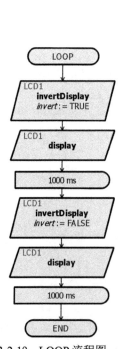 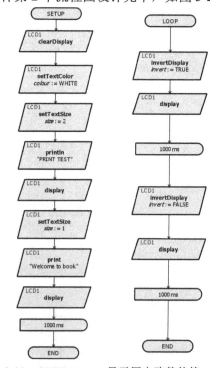

图 3-2-19 LOOP 流程图　　　　图 3-2-20 OLED128064 显示屏电路整体第 2 个流程图

3.2.3 仿真验证

在 Proteus 主菜单中,执行 Debug → Run Simulation 命令,运行仿真。切换至 Schematic Capture 界面,可见 OLED128064 显示屏开始显示字符,如图 3-2-21 所示,OLED128064 显示屏第一行显示"PRINT TEST",第二行显示"Welcome to book",屏幕底色为白色,字符为黑色。I2C 窗口如图 3-2-22 所示。

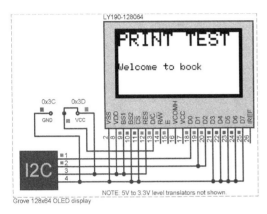

图 3-2-21　开始显示字符

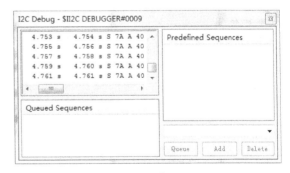

图 3-2-22　I2C 窗口(1)

稍后 OLED128064 显示屏开始显示字符,如图 3-2-23 所示,OLED128064 显示屏第一行显示"PRINT TEST",第二行显示"Welcome to book",屏幕底色为黑色,字符为白色。I2C 窗口如图 3-2-23 所示。

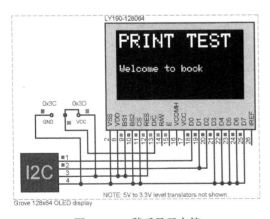

图 3-2-23　稍后显示字符

图 3-2-24　I2C 窗口(2)

经仿真验证,OLED128064 显示屏电路基本满足要求。

小提示

◎ 读者可以尝试显示其他字符。
◎ 扫描右侧二维码可观看 OLED128064 显示屏电路的仿真结果。

3.3 NOKIA3310 显示屏实例

本小节将从原理图到程序可视化设计来讲述如何使用 NOKIA3310 显示屏。

3.3.1 原理图设计

仿照 2.1.1 节新建工程，并将其命名为"LCD3"，工程新建完毕后，原理图中自动出现单片机最小系统电路图，如图 3-3-1 所示。

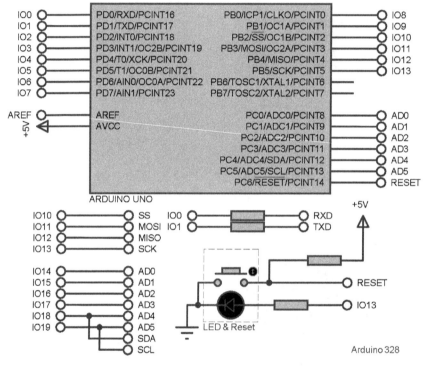

图 3-3-1 单片机最小系统电路图

在 Visual Designer 界面，右键单击工程树中的 ▲ 📂 ARDUINO UNO(U1) 选项，弹出子菜单。单击子菜单中的 Add Peripheral 选项，弹出"Select Peripheral"对话框。在"Peripheral Category"下拉列表中选择"Breakout Peripherals"，并在其子库中选择"Arduino PCD8544 Nokia 3310 LCD Breakout Board"，如图 3-3-2 所示。

单击"Select Peripheral"对话框中的 OK 按钮，即可将 Arduino PCD8544 Nokia 3310 LCD Breakout Board 放置在图纸上，放置完毕后，NOKIA3310 显示屏电路整体原理图如图 3-3-3 所示。

至此，NOKIA3310 显示屏电路原理图设计完毕。

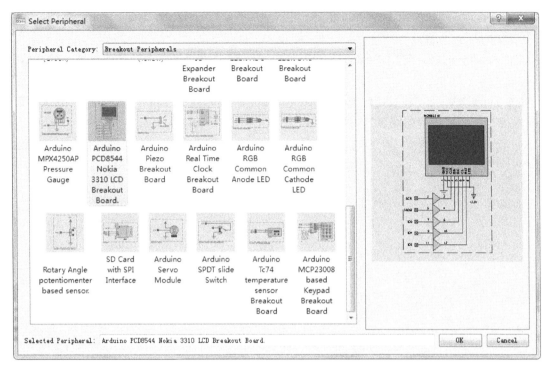

图 3-3-2 "Select Peripheral" 对话框

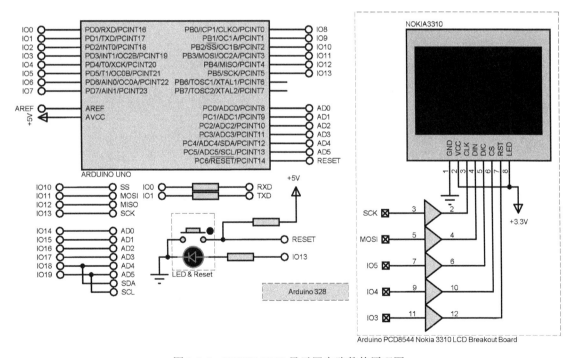

图 3-3-3　NOKIA3310 显示屏电路整体原理图

3.3.2　可视化流程图设计

NOKIA3310 显示屏电路中的 SETUP 流程图自上至下依次放置 LCD1 中的 display 框图、Time

Delay 框图、clearDisplay 框图、printIn 框图、display 框图、Time Delay 框图、printIn 框图、display 框图和 Time Delay 框图。

双击 display 框图，弹出"Edit I/O Block"对话框，所有参数选择默认设置，如图 3-3-4 所示。

双击 Time Delay 框图，弹出"Edit Delay Block"对话框，在"Delay"栏中输入 1000。Time Delay 框图全部参数设置如图 3-3-5 所示。

图 3-3-4 设置 display 框图参数

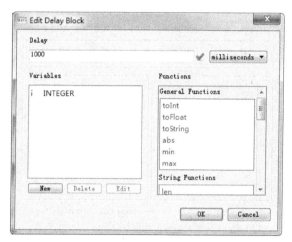

图 3-3-5 设置 Time Delay 框图参数

双击 clearDisplay 框图，弹出"Edit I/O Block"对话框，所有参数选择默认设置，如图 3-3-6 所示。

双击 printIn 框图，弹出"Edit I/O Block"对话框，在"Arguments"栏中输入"PRINT TEST"。第 1 个 printIn 框图全部参数设置如图 3-3-7 所示。

图 3-3-6 设置 clearDisplay 框图参数

图 3-3-7 设置第 1 个 printIn 框图参数

双击 display 框图，弹出"Edit I/O Block"对话框，所有参数选择默认设置，如图 3-3-4 所示。

双击 Time Delay 框图，弹出"Edit Delay Block"对话框，在 Delay 栏中输入 1000。Time Delay 框图全部参数设置如图 3-3-5 所示。

双击 printIn 框图，弹出"Edit I/O Block"对话框，在 Arguments 栏中输入"2nd Line Print"。第 2 个 printIn 框图全部参数设置如图 3-3-8 所示。

双击 display 框图，弹出"Edit I/O Block"对话框，所有参数选择默认设置，如图 3-3-4 所示。

双击 Time Delay 框图，弹出"Edit Delay Block"对话框，在 Delay 栏中输入 1000。Time Delay 框图全部参数设置如图 3-3-5 所示。至此，SETUP 流程图已经设计完毕，如图 3-3-9 所示。

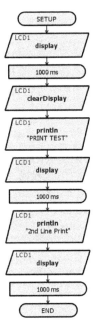

图 3-3-8　设置第 2 个 printIn 框图参数　　　　　图 3-3-9　SETUP 流程图

NOKIA3310 显示屏电路中的 LOOP 流程图自上至下依次放置 LCD1 中的 clearDisplay 框图、For 循环框图、LCD1 中的 drawLine 框图、LCD1 中的 display 框图、For 循环框图、LCD1 中的 drawLine 框图、LCD1 中的 display 框图和 Time Delay 框图。

双击 clearDisplay 框图，弹出"Edit I/O Block"对话框，所有参数选择默认设置，如图 3-3-10 所示。

双击 For 循环框图，弹出"Edit Loop"对话框，将 Loop Variable 设置为 i，Start Value 设置为 0，Stop Value 设置为 84，Step Value 设置为 4，如图 3-3-11 所示。

双击 drawLine 框图，弹出"Edit I/O Block"对话框，在"Arguments"栏中将 X1 设置为 0，Y1 设置为 0，X2 设置为 i，Y2 设置为 48，Colour 设置为 BLACK。第 1 个 drawLine 框图全部参数设置如图 3-3-12 所示。

双击 display 框图，弹出"Edit I/O Block"对话框，所有参数选择默认设置，如图 3-3-4 所示。

双击 For 循环框图，弹出"Edit Loop"对话框，选择"For-Next Loop"选项卡，将 Loop Variable 设置为 i，Start Value 设置为 0，Stop Value 设置为 48，Step Value 设置为 4，如图 3-3-13 所示。

双击 drawLine 框图，弹出"Edit I/O Block"对话框，在"Arguments"栏中将 X1 设置为 0，Y1 设置为 0，X2 设置为 84-1，Y2 设置为 i，Colour 设置为 BLACK。第 2 个 drawLine 框图全部参数设置如图 3-3-14 所示。

双击 display 框图，弹出"Edit I/O Block"对话框，所有参数选择默认设置，如图 3-3-4 所示。

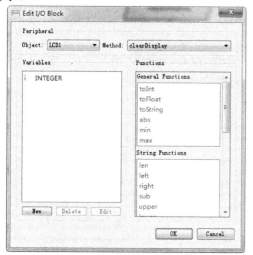

图 3-3-10　设置 clearDisplay 框图参数

图 3-3-11　设置 Loop 框图参数

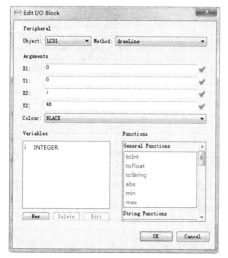

图 3-3-12　设置第 1 个 drawLine 框图参数

图 3-3-13　设置 Loop 框图参数

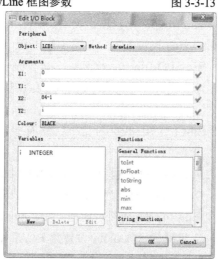

图 3-3-14　第 2 个设置 drawLine 框图参数（2）

双击 Time Delay 框图，弹出 "Edit Delay Block" 对话框，在 "Delay" 栏中输入 1000。Time Delay 框图全部参数设置如图 3-3-5 所示。

NOKIA3310 显示屏电路中 LOOP 流程图相关框图参数修改完毕后，LOOP 流程图如图 3-3-15 所示。至此，NOKIA3310 显示屏电路整体可视化流程图已经设计完毕，如图 3-3-16 所示。

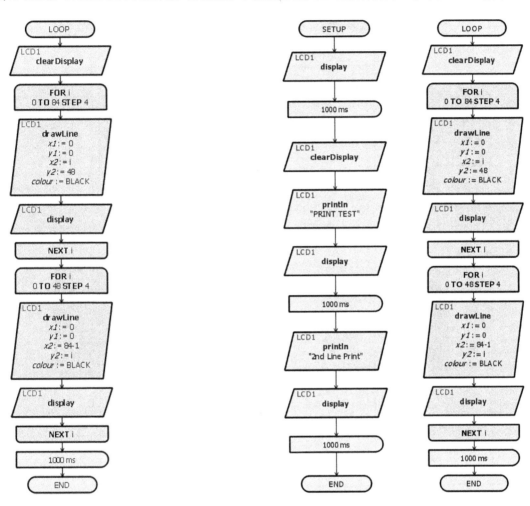

图 3-3-15　LOOP 流程图　　　　　　图 3-3-16　NOKIA3310 显示屏电路整体可视化流程图

3.3.3　仿真验证

在 Proteus 主菜单中，执行 Debug → Run Simulation 命令，运行仿真。切换至 Schematic Capture 界面，NOKIA3310 显示屏电路已经开始运行。NOKIA3310 显示屏初始化界面如图 3-3-17 所示。稍后，NOKIA3310 显示屏第一行显示 "PRINT TEST"，如图 3-3-18 所示。

接着，NOKIA3310 显示屏第二行显示 "2nd Line Print"，如图 3-3-19 所示。再稍后，NOKIA3310 显示屏将自动绘制图形，如图 3-3-20 所示。

经仿真验证，NOKIA3310 显示屏电路基本满足要求。

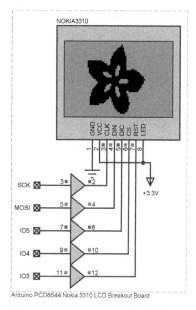

图 3-3-17　NOKIA3310 初始化界面

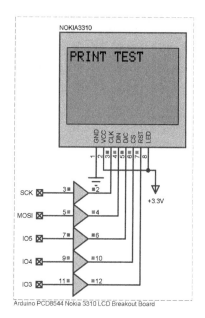

图 3-3-18　NOKIA3310 第一行显示界面

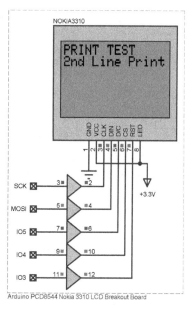

图 3-3-19　NOKIA3310 两行显示界面

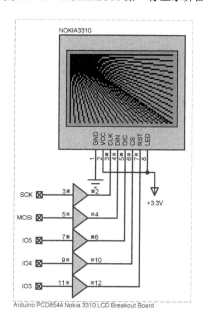

图 3-3-20　NOKIA3310 显示图形

小提示

◎ 读者可以适当修改相关参数，以便显示其他图片。
◎ 扫描右侧二维码可观看 NOKIA3310 显示屏的仿真结果。

3.4　数码管显示屏实例

本小节从原理图到程序可视化设计来讲述如何使用数码管显示屏。

3.4.1 原理图设计

仿照 2.1.1 节新建工程,并将其命名为"LCD4",工程新建完毕后,原理图中自动出现单片机最小系统电路图,如图 3-4-1 所示。

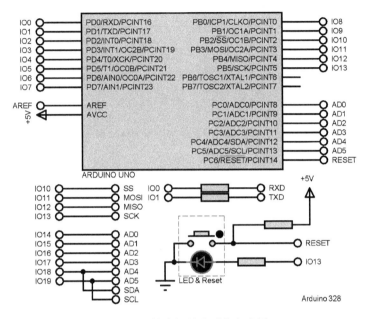

图 3-4-1 单片机最小系统电路图

在 Visual Designer 界面,右键单击工程树中的 ◢ 📂 `ARDUINO UNO(U1)` 选项,弹出子菜单。单击子菜单中的 `Add Peripheral` 选项,弹出"Select Peripheral"对话框,在"Peripheral Category"下拉列表中选择"Grove",在其子库中选择"Grove 4-Digit Display Module",如图 3-4-2 所示。

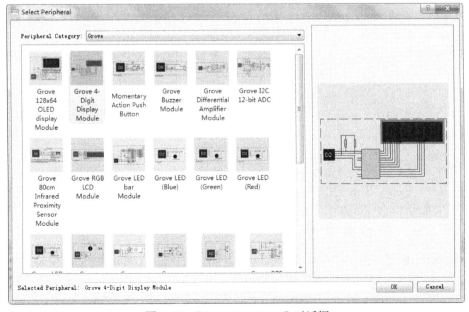

图 3-4-2 "Select Peripheral"对话框

单击"Select Peripheral"对话框中的 OK 按钮，即可将 Grove 4-Digit Display Module 放置在图纸上，放置完毕后，Schematic Capture 界面显示整体原理图如图 3-4-3 所示。

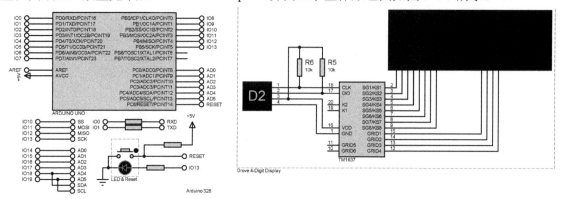

图 3-4-3 数码管显示屏电路整体原理图

至此，数码管显示屏电路整体原理图设计完毕。

3.4.2 可视化流程图设计

数码管显示屏电路中的 SETUP 流程图自上至下依次放置 LEDM1 中的 init 框图、setBrightness 框图、decPoint 框图和 Assignment Block 框图。

双击 init 框图，弹出"Edit I/O Block"对话框，所有参数选择默认设置，如图 3-4-4 所示。

双击 setBrightness 框图，弹出"Edit I/O Block"对话框，在"Arguments"栏中将 Level 设置为 BRIGHT_TYPICAL。setBrightness 框图全部参数设置如图 3-4-5 所示。

图 3-4-4 设置 init 框图参数

图 3-4-5 设置 setBrightness 框图参数

双击 decPoint 框图，弹出"Edit I/O Block"对话框，在"Arguments"栏中将 State 设置为 TRUE。decPoint 框图全部参数设置如图 3-4-6 所示。

双击 Assignment Block 框图，弹出"Edit Assignment Block"对话框，在"Variables"栏新

建变量分别为 i、n 和 number，对应的格式类型均为 INTEGER；新建变量为 bool，格式类型为 BOOLEAN。在"Assignments"栏为变量赋初值，设置 i=99，n=0，bool=TRUE，number=0。Assignment Block 框图全部参数设置如图 3-4-7 所示。

图 3-4-6 设置 decPoint 框图参数

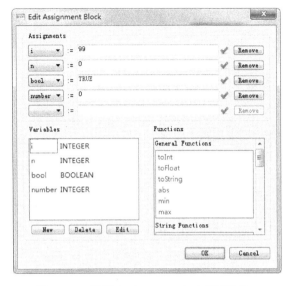

图 3-4-7 设置 Assignment Block 框图参数

至此，SETUP 流程图已经设计完毕，如图 3-4-8 所示。

数码管显示屏电路中的 LOOP 流程图自上至下依次放置 For 循环框图、LEDM1 中的 display 框图、LEDM1 中的 display 框图、LEDM1 中的 decPoint 框图、LEDM1 中的 display 框图、LEDM1 中的 display 框图、Assignment Block 框图和 Time Delay 框图。

双击 For 循环框图，弹出"Edit Loop"对话框，选择"For-Next Loop"选项卡，将 Loop Variable 设置为 number，Start Value 设置为 0，Stop Value 设置为 99，Step Value 设置为 1，Loop 框图全部参数设置如图 3-4-9 所示。

双击第 1 个 display 框图，弹出"Edit I/O Block"对话框，在"Arguments"栏中将 Pos 设置为 0，Value 设置为 i/10。display 框图全部参数设置如图 3-4-10 所示。

双击第 2 个 display 框图，弹出"Edit I/O Block"对话框，在"Arguments"栏中将 Pos 设置为 1，Value 设置为 i%10。display 框图全部参数设置如图 3-4-11 所示。

双击 decPoint 框图，弹出"Edit I/O Block"对话框，在"Arguments"栏中将 State 设置为 bool。decPoint 框图全部参数设置如图 3-4-12 所示。

双击第 3 个 display 框图，弹出"Edit I/O Block"对话框，在"Arguments"栏中将 Pos 设置为 2，Value 设置为 n/10。display 框图全部参数设置如图 3-4-13 所示。

双击第 4 个 display 框图，弹出"Edit I/O Block"对话框，在"Arguments"栏中将 Pos 设置为 3，Value 设置为 n%10。display 框图全部参数设置如图 3-4-14 所示。

双击 Assignment Block 框图，弹出"Edit Assignment Block"对话框，在"Arguments"栏

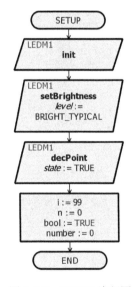

图 3-4-8 SETUP 流程图

为变量赋值，设置 n=n+1，bool=!bool，i=i-1。Assignment Block 框图全部参数设置如图 3-4-15 所示。

图 3-4-9　设置 Loop 框图参数

图 3-4-10　设置第 1 个 display 框图参数

图 3-4-11　设置第 2 个 display 框图参数

图 3-4-12　设置 decPoint 框图参数

图 3-4-13　设置第 3 个 display 框图参数

图 3-4-14　设置第 4 个 display 框图参数

双击 Time Delay 框图，弹出"Edit Delay Block"对话框，在"Delay"栏中输入 1000。Time Delay 框图全部参数设置如图 3-4-16 所示。

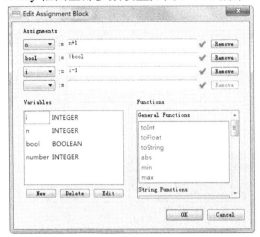

图 3-4-15　设置 Assignment Block 框图参数

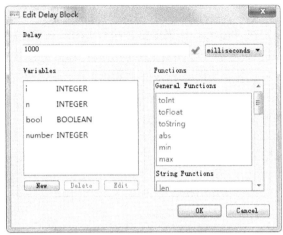

图 3-4-16　设置 Time Delay 框图参数

数码管显示屏电路中 LOOP 流程图相关框图参数修改完毕后，LOOP 流程图如图 3-4-17 所示。至此，数码管显示屏电路整体可视化流程图设计完毕，如图 3-4-18 所示。

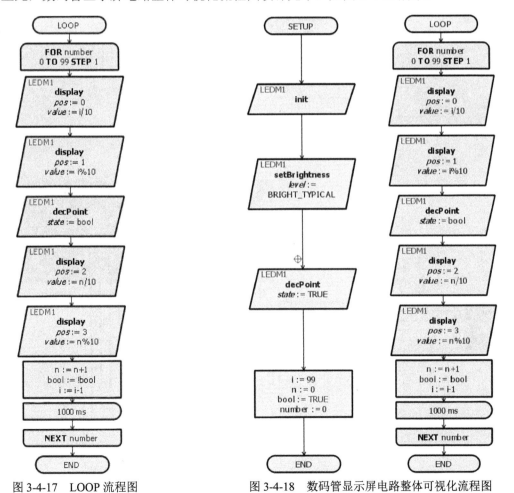

图 3-4-17　LOOP 流程图　　　　　图 3-4-18　数码管显示屏电路整体可视化流程图

3.4.3 仿真验证

在 Proteus 主菜单中，执行 Debug→ Run Simulation 命令，运行仿真。切换至 Schematic Capture 界面，数码管显示屏电路已经开始运行。

可见，数码管显示屏中的第 1 个数码管和第 2 个数码管组成两位数字显示，从 99 依次递减到 00，第 3 个数码管和第 4 个数码管组成两位数字显示，从 00 依次递加到 99，数码管显示效果如图 3-4-19～图 3-4-22 所示。

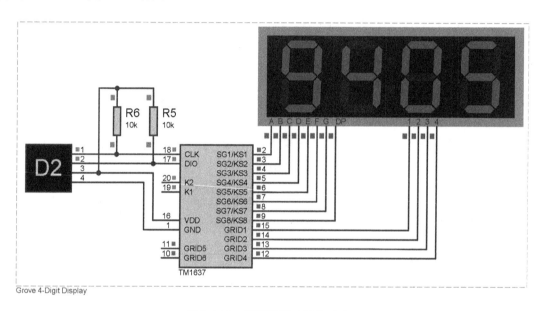

图 3-4-19　数码管显示效果（1）

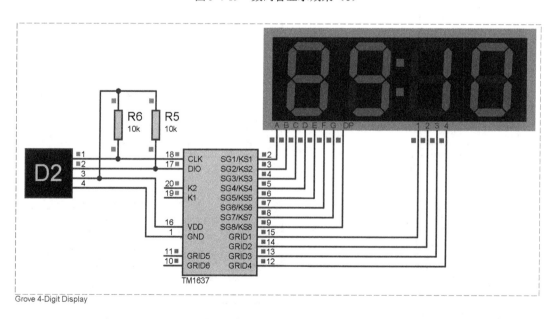

图 3-4-20　数码管显示效果（2）

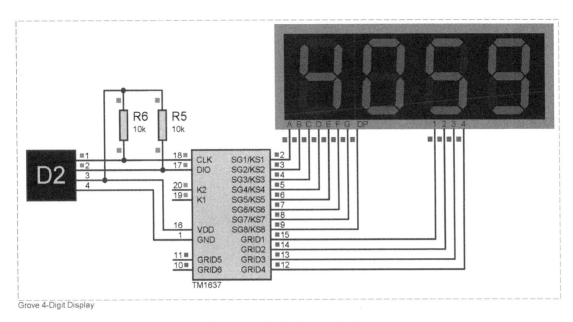

图 3-4-21 数码管显示效果（3）

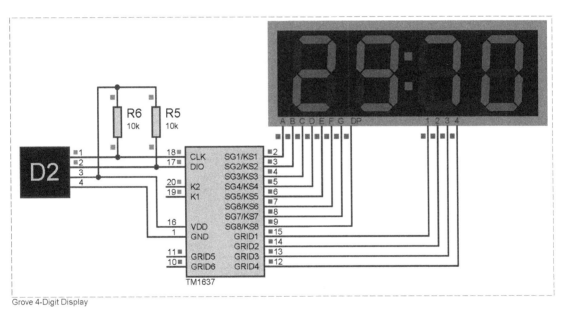

图 3-4-22 数码管显示效果（4）

经仿真验证，数码管显示屏电路基本满足要求。

小提示

◎ 读者可以适当修改相关参数，使数码管显示其他数字。
◎ 扫描右侧二维码可观看数码管显示屏的仿真结果。

第 4 章 玩转电机实例

4.1 直流电机实例

本小节将从原理图到程序可视化设计来讲述如何使用直流电机。

4.1.1 原理图设计

仿照 2.1.1 节新建工程，并将其命名为"motor1"，工程新建完毕后，原理图中自动出现单片机最小系统电路图，如图 4-1-1 所示。

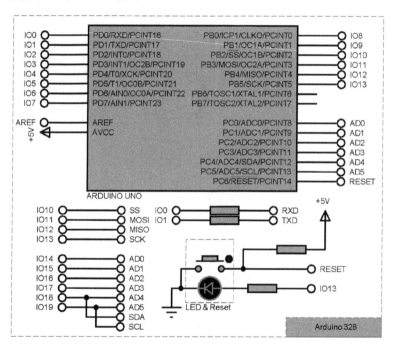

图 4-1-1 单片机最小系统电路图

在 Visual Designer 界面，右键单击工程树中的 ◢ 📁 ARDUINO UNO(U1) 选项，弹出子菜单。单击子菜单中的 Add Peripheral 选项，弹出"Select Peripheral"对话框，在"Peripheral Category"下拉列表中选择"Motor Control"，并在其子库中选择"Arduino Motor Shield(R3) with DC Motors"，如图 4-1-2 所示。

单击"Select Peripheral"对话框中的 OK 按钮，即可将 Arduino Motor Shield(R3) with DC Motors 放置在图纸上，放置完毕后，Schematic Capture 界面直流电机电路原理图如图 4-1-3 所示。L298 的 VCC 引脚接入+5V 电源网络，VS 引脚接入+9V 电源网络，GND 引脚接入"Ground"

网络，IN1 引脚与 Arduino 单片机的 IO12 引脚相连，IN2 引脚通过异或门与 Arduino 单片机的 IO12 引脚和 IO9 相连，IN3 引脚与 Arduino 单片机的 IO13 引脚相连，IN4 引脚通过异或门与 Arduino 单片机的 IO13 引脚和 IO8 相连，ENA 引脚与 Arduino 单片机的 IO3 引脚相连，ENB 引脚与 Arduino 单片机的 IO11 引脚相连。

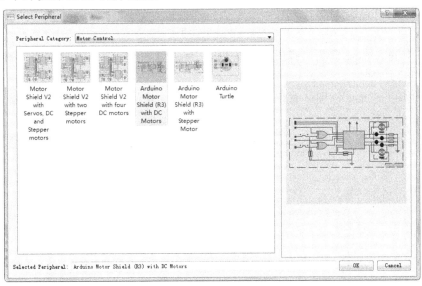

图 4-1-2 "Select Peripheral" 对话框

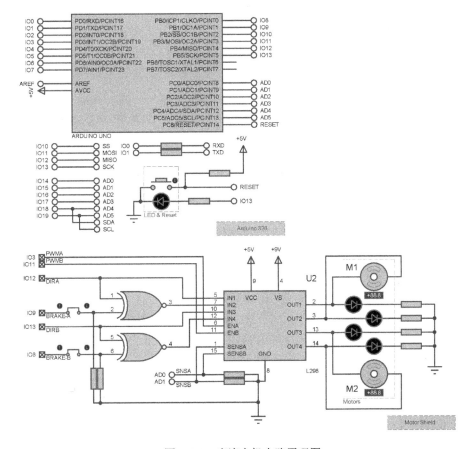

图 4-1-3 直流电机电路原理图

至此，直流电机电路原理图设计完毕。

4.1.2 可视化流程图设计

直流电机电路中的 SETUP 流程图自上至下依次放置 M1 中的 release 框图和 M2 中的 release 框图。

双击 M1 中的 release 框图，弹出"Edit I/O Block"对话框，所有参数选择默认设置，如图 4-1-4 所示。

双击 M2 中的 release 框图，弹出"Edit I/O Block"对话框，所有参数选择默认设置，如图 4-1-5 所示。

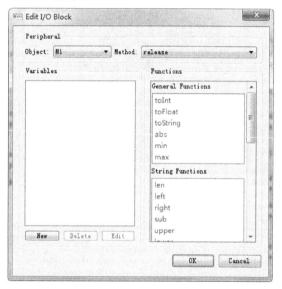 

图 4-1-4　设置 M1 中的 release 框图参数　　　图 4-1-5　设置 M2 中的 release 框图参数

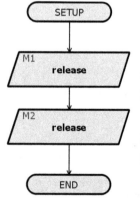

图 4-1-6　SETUP 流程图

至此，SETUP 流程图设计完毕，如图 4-1-6 所示。

直流电机电路中的 LOOP 流程图自上至下依次放置 M2 中的 run 框图、M1 中的 run 框图、Time Delay 框图、M2 中的 stop 框图、M1 中的 stop 框图、Time Delay 框图、M2 中的 run 框图、M1 中的 run 框图、Time Delay 框图、M2 中的 stop 框图、M1 中的 stop 框图和 Time Delay 框图。

双击 M2 的 run 框图，弹出"Edit I/O Block"对话框，在"Arguments"栏中将 Dir 设置为 FORWARDS，将 Speed 设置为 255。M2 的第 1 个 run 框图全部参数设置如图 4-1-7 所示。

双击 M1 的 run 框图，弹出"Edit I/O Block"对话框，在"Arguments"栏中将 Dir 设置为 FORWARDS，将 Speed 设置为 255。M1 的第 1 个 run 框图全部参数设置如图 4-1-8 所示。

双击 Time Delay 框图，弹出"Edit Delay Block"对话框，在"Delay"栏中填写 10000。Time Delay 框图全部参数设置如图 4-1-9 所示。

双击 M2 的 stop 框图，弹出"Edit I/O Block"对话框，所有参数选择默认设置，如图 4-1-10 所示。

第 4 章 玩转电机实例

图 4-1-7 设置 M2 中的第 1 个 run 框图参数

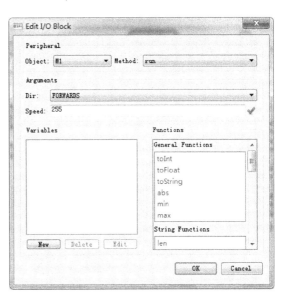

图 4-1-8 设置 M1 中的第 1 个 run 框图参数

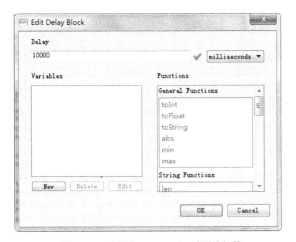

图 4-1-9 设置 Time Delay 框图参数

图 4-1-10 设置 M2 中的 stop 框图参数

双击 M1 的 stop 框图，弹出"Edit I/O Block"对话框，所有参数选择默认设置，如图 4-1-11 所示。

双击 Time Delay 框图，弹出"Edit Delay Block"对话框，在"Delay"栏中输入 5000。Time Delay 框图全部参数设置如图 4-1-12 所示。

双击 M2 的 run 框图，弹出"Edit I/O Block"对话框，在"Arguments"栏中将 Dir 设置为 BACKWARDS，将 Speed 设置为 255。M2 的第 2 个 run 框图全部参数设置如图 4-1-13 所示。

双击 M1 的 run 框图，弹出"Edit I/O Block"对话框，在"Arguments"栏中将 Dir 设置为 BACKWARDS，将 Speed 设置为 255。M1 的第 2 个 run 框图全部参数设置如图 4-1-14 所示。

双击 Time Delay 框图，弹出"Edit Delay Block"对话框，在"Delay"栏中输入 10000。Time Delay 框图全部参数设置如图 4-1-9 所示。

图 4-1-11　设置 M1 中的 stop 框图参数

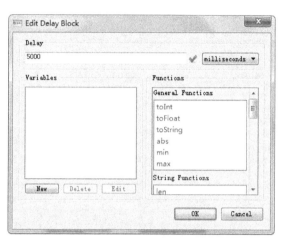

图 4-1-12　设置 Time Delay 框图参数

图 4-1-13　设置 M2 中的第 2 个 run 框图参数

图 4-1-14　设置 M1 中的第 2 个 run 框图参数

双击 M2 的 stop 框图，弹出"Edit I/O Block"对话框，所有参数选择默认设置，如图 4-1-10 所示。

双击 M1 的 stop 框图，弹出"Edit I/O Block"对话框，所有参数选择默认设置，如图 4-1-11 所示。

双击 Time Delay 框图，弹出"Edit Delay Block"对话框，在"Delay"栏中输入 5000。Time Delay 框图全部参数设置如图 4-1-12 所示。

直流电机电路中 LOOP 流程图相关框图参数修改完毕后，LOOP 流程图如图 4-1-15 所示。至此，直流电机电路整体可视化流程图设计完毕，如图 4-1-16 所示。

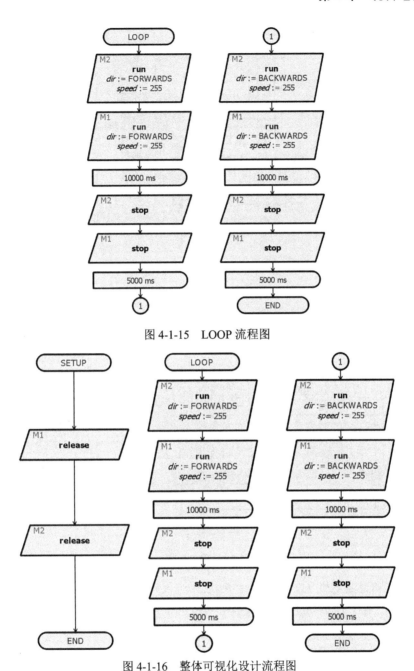

图 4-1-15　LOOP 流程图

图 4-1-16　整体可视化设计流程图

4.1.3　仿真验证

在 Proteus 主菜单中，执行 Debug → Run Simulation 命令，运行仿真，切换至 Schematic Capture 界面，初始状态时，直流电机 M1 和直流电机 M2 向前转动，两个 LED 亮起，如图 4-1-17 所示。

10s 后，进入第二个状态，直流电机 M1 和直流电机 M2 逐渐停止转动，4 个 LED 亮起，如图 4-1-18 所示。

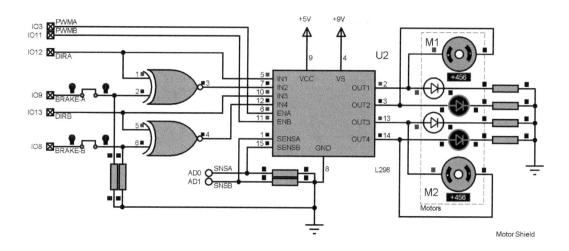

图 4-1-17 初始状态

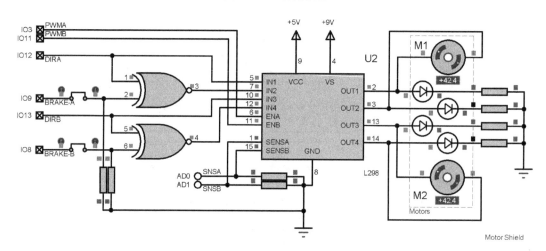

图 4-1-18 第二个状态

直流电机 M1 和直流电机 M2 大约停止 5s 后，进入第三个状态，直流电机 M1 和直流电机 M2 开始反向转动，两个 LED 亮起，如图 4-1-19 所示。

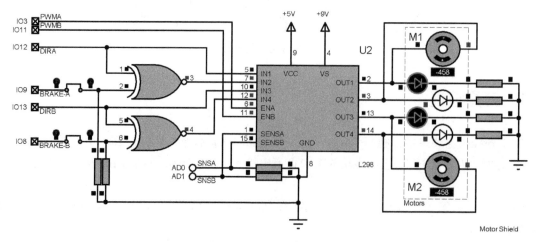

图 4-1-19 第三个状态

直流电机 M1 和直流电机 M2 反向转动大约 10s 后，进入第四个状态，直流电机 M1 和直流电机 M2 开始停止转动，4 个 LED 均熄灭，如图 4-1-20 所示。

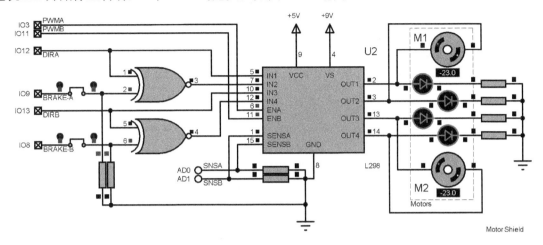

图 4-1-20　第四个状态

经仿真验证，直流电机电路基本满足要求。

📎 小提示

◎ 读者可以修改直流电机 M1 的转速。
◎ 读者可以修改直流电机 M2 的转速。
◎ 扫描右侧二维码可观看直流电机电路的仿真结果。

4.2　步进电机实例

本小节将从原理图到程序可视化设计来讲述如何使用步进电机。

4.2.1　原理图设计

仿照 2.1.1 节新建工程，并将其命名为"motor2"，工程新建完毕后，原理图自动出现单片机最小系统电路图如图 4-2-1 所示。

在 Visual Designer 界面，右键单击工程树中的 ARDUINO UNO(U1) 选项，弹出子菜单。单击子菜单中的 Add Peripheral 选项，弹出"Select Peripheral"对话框，在"Peripheral Category"下拉列表中选择"Motor Control"，并在其子库中选择"Arduino Motor Shield (R3) with Stepper Motor"，如图 4-2-2 所示。

单击"Select Peripheral"对话框中的 OK 按钮，即可将 Arduino Motor Shield (R3) with Stepper Motor 放置在图纸上，放置完毕后，Schematic Capture 界面中的整体原理图如图 4-2-3 所示。L298 的 VCC 引脚接入+5V 电源网络，VS 引脚接入+9V 电源网络，GND 引脚接入"Ground"网络，IN1 引脚与 Arduino 单片机的 IO12 引脚相连，IN2 引脚通过异或门与 Arduino 单片机的 IO12 引脚和 IO9 相连，IN3 引脚与 Arduino 单片机的 IO13 引脚相连，IN4 引脚通过异或门与

Arduino 单片机的 IO13 引脚和 IO8 相连,ENA 引脚与 Arduino 单片机的 IO3 引脚相连,ENB 引脚与 Arduino 单片机的 IO11 引脚相连。

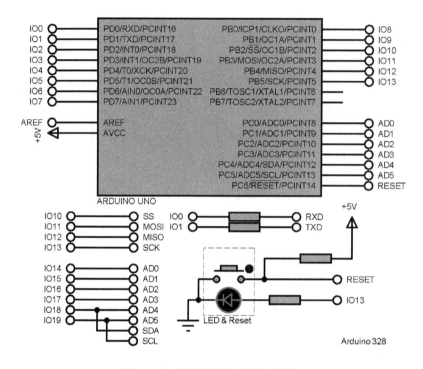

图 4-2-1 单片机最小系统电路图

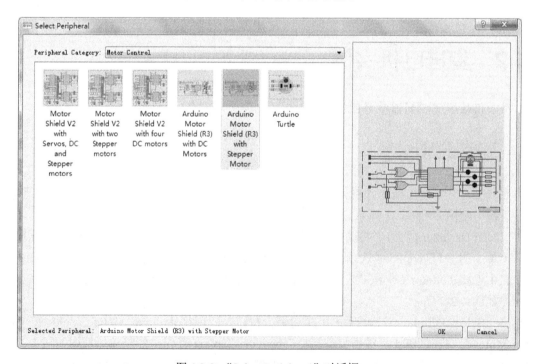

图 4-2-2 "Select Peripheral"对话框

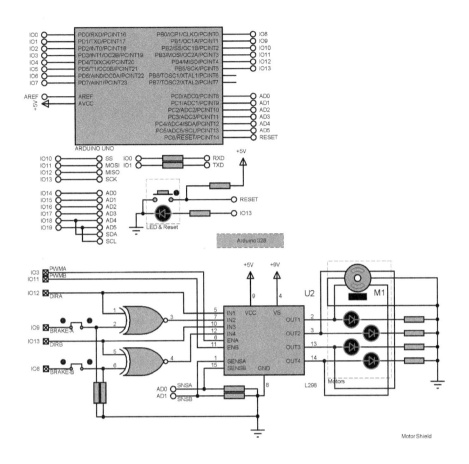

图 4-2-3　步进电机电路整体原理图

至此，步进电机电路原理图设计完毕。

4.2.2　可视化流程图设计

步进电机电路中的 SETUP 流程图自上至下依次放置 M1 中的 release 框图、M1 中的 setSpeed 框图和 Assignment Block 框图。

双击 M1 中的 release 框图，弹出"Edit I/O Block"对话框，所有参数选择默认设置，如图 4-2-4 所示。

双击 setSpeed 框图，弹出"Edit I/O Block"对话框，在"Arguments"栏中将 Rpm 设置为 10。setSpeed 框图全部参数设置如图 4-2-5 所示。

双击 Assignment Block 框图，弹出"Edit Assignment Block"对话框，在"Variables"栏新建变量 i，格式类型为 INTEGER，在"Assignments"栏为变量赋初值，设置 i=0。Assignment Block 框图全部参数设置如图 4-2-6 所示。

至此，SETUP 流程图设计完毕，如图 4-2-7 所示。

步进电机电路中的 LOOP 流程图自上至下依次放置 For 循环框图、M1 中的 oneStep 框图、Time Delay 框图、Time Delay 框图、For 循环框图、M1 中的 Step 框图和 Time Delay 框图。

图 4-2-4　设置 release 框图参数

图 4-2-5　设置 setSpeed 框图参数

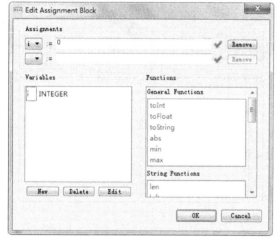

图 4-2-6　设置 Assignment Block 框图参数

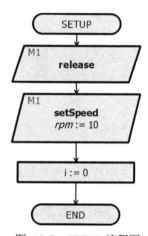

图 4-2-7　SETUP 流程图

双击 For 循环框图，弹出"Edit Loop"对话框，在 For-Next Loop 选项卡中将 Loop Variable 设置为 i，Start Value 设置为 0，Stop Value 设置为 100，Step Value 设置为 1，如图 4-2-8 所示。

双击 oneStep 框图，弹出"Edit I/O Block"对话框，在"Arguments"栏中将 Dir 设置为 FORWARDS，将 Mode 设置为 INTERLEAVE。oneStep 框图全部参数设置如图 4-2-9 所示。

双击 Time Delay 框图，弹出"Edit Delay Block"对话框，在"Delay"栏中输入 100。第 1 个 Time Delay 框图全部参数设置如图 4-2-10 所示。

双击 Time Delay 框图，弹出"Edit Delay Block"对话框，在"Delay"栏中输入 3000。第 2 个 Time Delay 框图全部参数设置如图 4-2-11 所示。

双击 For 循环框图，弹出"Edit Loop"对话框，将 Loop Variable 设置为 i，Start Value 设置为 0，Stop Value 设置为 100，Step Value 设置为 1，如图 4-2-8 所示。

双击 step 框图，弹出"Edit I/O Block"对话框，在 Arguments 栏中将 Steps 设置为 2，将 Dir 设置为 BACKWARDS，将 Mode 设置为 INTERLEAVE。step 框图全部参数设置如图 4-2-12 所示。

图 4-2-8 设置 Loop 框图参数

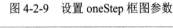

图 4-2-9 设置 oneStep 框图参数

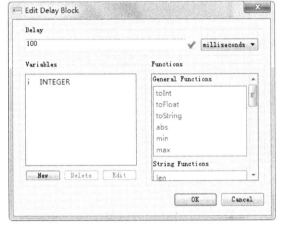

图 4-2-10 设置第 1 个 Time Delay 框图参数

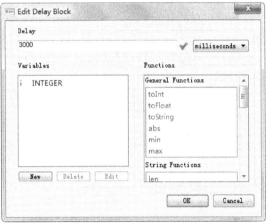

图 4-2-11 设置第 2 个 Time Delay 框图参数

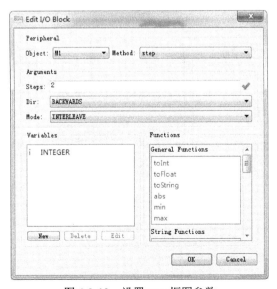

图 4-2-12 设置 step 框图参数

双击 Time Delay 框图,弹出"Edit Delay Block"对话框,在"Delay"栏中输入 100。Time Delay 框图全部参数设置如图 4-2-10 所示。

步进电机电路中 LOOP 流程图相关框图参数修改完毕后,LOOP 流程图如图 4-2-13 所示。
至此,步进电机电路整体可视化流程图设计完毕,如图 4-2-14 所示。

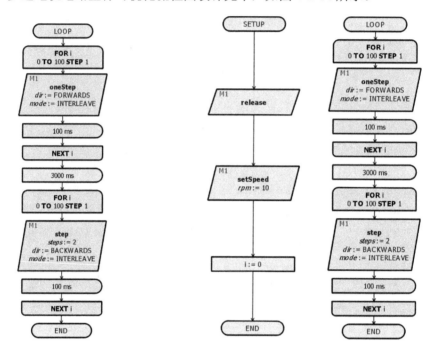

图 4-2-13　LOOP 流程图　　　　图 4-2-14　整体可视化设计流程图

4.2.3　仿真验证

在 Proteus 主菜单中,执行 Debug → Run Simulation 命令,运行仿真。切换至 Schematic Capture 界面,可见步进电机 M1 正向转动如图 4-2-15 和图 4-2-16 所示。

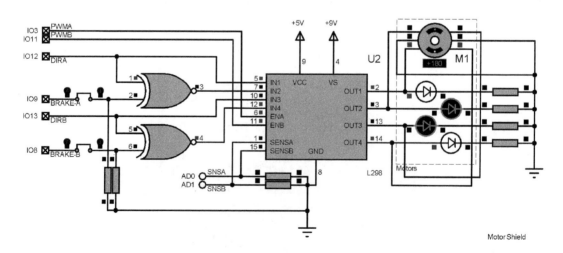

图 4-2-15　步进电机正向转动（1）

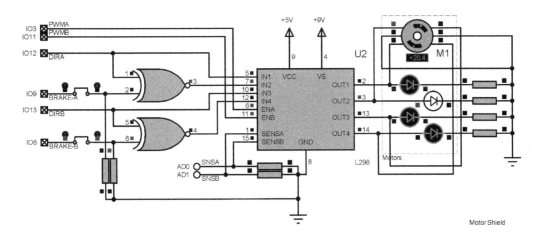

图 4-2-16 步进电机正向转动（2）

经过一段时间后，步进电机 M1 反向转动如图 4-2-17 和图 4-2-18 所示。

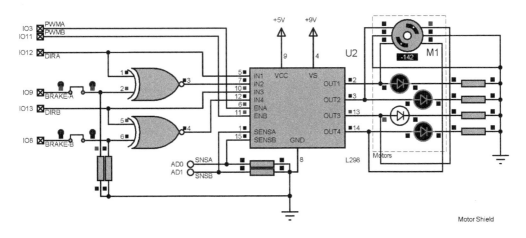

图 4-2-17 步进电机反向转动（1）

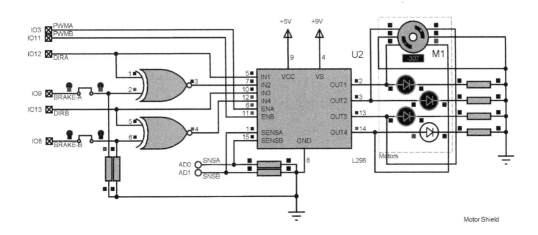

图 4-2-18 步进电机反向转动（2）

经仿真验证，步进电机电路基本满足要求。

小提示

◎ 扫描右侧二维码可观看步进电机电路的仿真结果。

4.3 舵机实例

舵机可以看作是一种特殊的电机。舵机主要是由外壳、电路板、驱动电机、减速器和角度检测元件等构成。舵机主要适用于那些需要角度不断变化的控制系统，比如人形机器人的关节、航模的转向装置。本小节将从 motor 原理图到程序可视化设计来讲述如何使用舵机。

4.3.1 原理图设计

仿照 2.1.1 节新建工程，并将其命名为"motor3"，工程新建完毕后，原理图中自动出现单片机最小系统电路图，如图 4-3-1 所示。

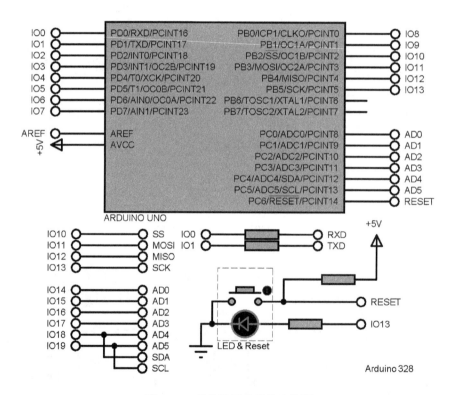

图 4-3-1 单片机最小系统电路图

在 Visual Designer 界面，右键单击工程树中的 ◢ ARDUINO UNO(U1) 选项，弹出子菜单。单击子菜单中的 Add Peripheral 选项，弹出"Select Peripheral"对话框，在"Peripheral Category"下拉列表中选择"Grove"，并在其子库中选择"Grove Servo Module"，如图 4-3-2 所示。单击"Select Peripheral"对话框中的 OK 按钮，即可将 Grove Servo Module 放置在图纸上，放置完毕后，Schematic Capture 界面中放置舵机后的原理图如图 4-3-3 所示。

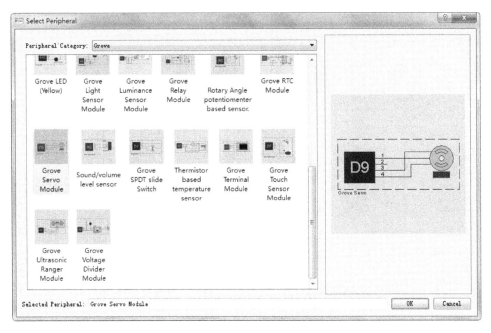

图 4-3-2 "Select Peripheral" 对话框（1）

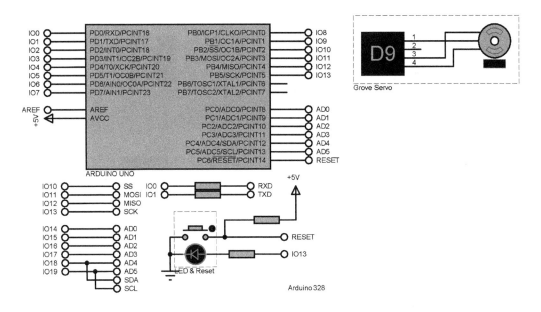

图 4-3-3 放置舵机后的原理图

右键单击工程树中的 ARDUINO UNO(U1) 选项，弹出子菜单。单击子菜单中的 Add Peripheral 选项，弹出"Select Peripheral"对话框，在"Peripheral Category"下拉列表中选择"Grove"，并在其子库中选择"Rotary Angle potentiometer based sensor"，如图 4-3-4 所示。单击"Select Peripheral"对话框中的 OK 按钮，即可将 Rotary Angle potentiometer based sensor 放置在图纸上，放置完毕后，Schematic Capture 界面中放置滑动变阻器后的原理图如图 4-3-5 所示。

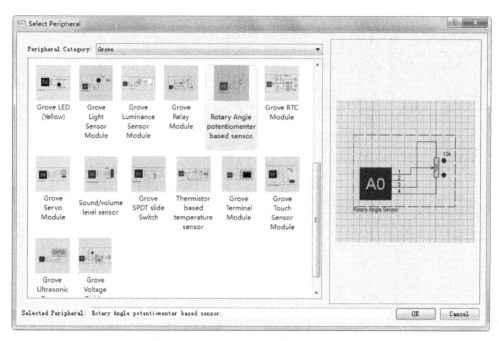

图 4-3-4 "Select Peripheral"对话框（2）

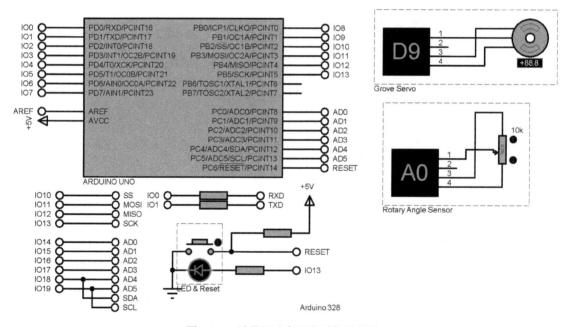

图 4-3-5 放置滑动变阻器后的原理图

右键单击工程树中的 ARDUINO UNO(U1) 选项，弹出子菜单。单击子菜单中的 Add Peripheral 选项，弹出"Select Peripheral"对话框，在"Peripheral Category"下拉列表中选择"Grove"，并在其子库中选择"Grove RGB LCD Module"，如图 4-3-6 所示。单击"Select Peripheral"对话框中的 OK 按钮，即可将 Grove RGB LCD Module 放置在图纸上，放置完毕后，Schematic Capture 界面中的舵机电路整体原理图如图 4-3-7 所示。

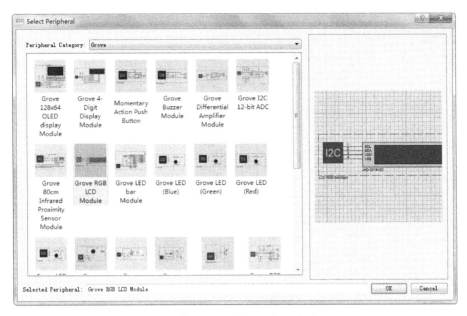

图 4-3-6 "Select Peripheral"对话框(3)

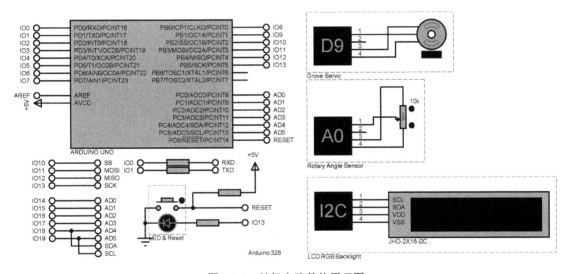

图 4-3-7 舵机电路整体原理图

至此,舵机电路原理图设计完毕。

4.3.2 可视化流程图设计

舵机电路中的 SETUP 流程图仅需放置 1 个 LCD1 中的 setPlaces 框图。双击 setPlaces 框图,弹出"Edit I/O Block"对话框,在"Arguments"栏中将 Places 设置为 1,在"Variables"栏中新建变量 potAngle 和变量 servoAngle,格式类型为 FLOAT。setPlaces 框图全部参数设置如图 4-3-8 所示。至此,SETUP 流程图已经设计完毕,如图 4-3-9 所示。

舵机电路中的 LOOP 流程图自上至下依次放置 RV1 中的 readAngle 框图、Assignment Block 框图、M1 中的 Write 框图、LCD1 中的 setCursor 框图、LCD1 中的 print 框图和 Time Delay 框图。

图 4-3-8　设置 setPlaces 框图参数　　　　图 4-3-9　SETUP 流程图

双击 readAngle 框图，弹出"Edit I/O Block"对话框，在"Results"栏中设置 Reading=>potAngle。readAngle 框图全部参数设置如图 4-3-10 所示。

双击 Assignment Block 框图，弹出"Edit Assignment Block"对话框，在"Assignments"栏为变量赋值，设置 servoAngle=(potAngle-150)*90/150+90。Assignment Block 框图全部参数设置如图 4-3-11 所示。

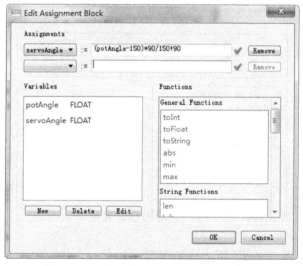

图 4-3-10　设置 readAngle 框图参数　　　　图 4-3-11　设置 Assignment Block 框图参数

双击 Write 框图，弹出"Edit I/O Block"对话框，在"Arguments"栏中将 Angle 设置为 servoAngle。Write 框图全部参数设置如图 4-3-12 所示。

双击 setCursor 框图，弹出"Edit I/O Block"对话框，在"Arguments"栏中将 Col 设置为 0，Row 设置为 0。setCursor 框图全部参数设置如图 4-3-13 所示。

第 4 章 玩转电机实例

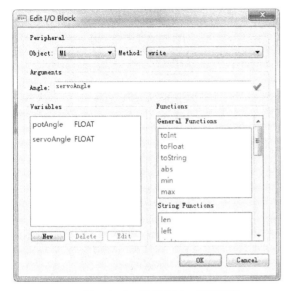

图 4-3-12 设置 Write 框图参数

图 4-3-13 设置 setCursor 框图参数

双击 print 框图，弹出"Edit I/O Block"对话框，在"Arguments"栏中输入"Angle="，servoAngle-90，" Deg "。print 框图全部参数设置如图 4-3-14 所示。

双击 Time Delay 框图，弹出"Edit Delay Block"对话框，在"Delay"栏中输入 10。Time Delay 框图全部参数设置如图 4-3-15 所示。

图 4-3-14 设置 print 框图参数

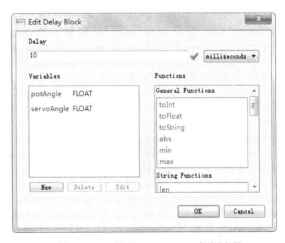

图 4-3-15 设置 Time Delay 框图参数

舵机电路中 LOOP 流程图相关框图参数修改完毕后，LOOP 流程图如图 4-3-16 所示。至此，舵机电路整体可视化流程图设计完毕，如图 4-3-17 所示。

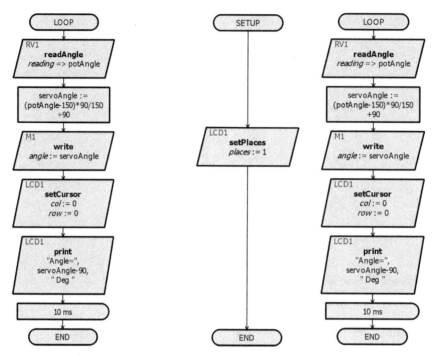

图 4-3-16　LOOP 流程图　　　　图 4-3-17　舵机电路整体可视化设计流程图

4.3.3　仿真验证

在 Proteus 主菜单中，执行 Debug → Run Simulation 命令，运行仿真。切换至 Schematic Capture 界面，舵机电路已经开始运行。

将滑动变阻器调节到 50%的位置时，可见舵机转动至+0.52°位置，LCD1602 显示"Angle=0.0 Deg"，如图 4-3-18 所示。

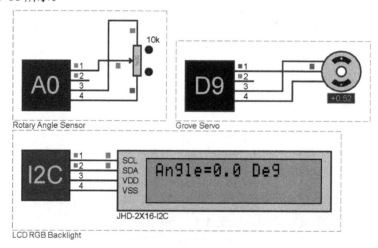

图 4-3-18　滑动变阻器调节至 50%时

将滑动变阻器调节到 70%的位置时，可见舵机转动至+36.6°位置，LCD1602 显示"Angle= 36.0 Deg"，如图 4-3-19 所示。

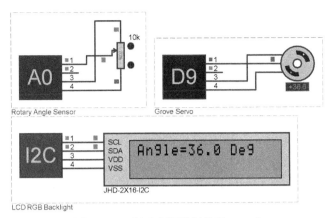

图 4-3-19 滑动变阻器调节至 70%时

将滑动变阻器调节到 90%的位置时,可见舵机转动至+73.7°位置,LCD1602 显示"Angle=72.1 Deg",如图 4-3-20 所示。

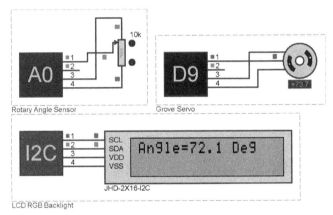

图 4-3-20 滑动变阻器调节至 90%时

将滑动变阻器调节到 40%的位置时,可见舵机转动至-17.4°位置,LCD1602 显示"Angle=-17.9 Deg",如图 4-3-21 所示。

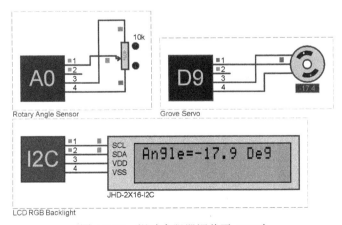

图 4-3-21 滑动变阻器调节至 40%时

将滑动变阻器调节到 20%的位置时,可见舵机转动至-53.5°位置,LCD1602 显示"Angle=-54.0 Deg",如图 4-3-22 所示。

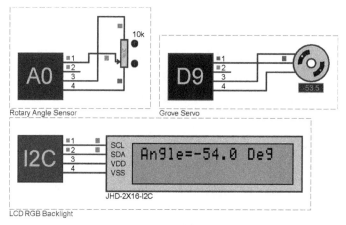

图 4-3-22　滑动变阻器调节至 20%时

经仿真验证，舵机电路基本满足要求。

小提示

◎ 读者可以适当调节滑动变阻器，以便显示其他角度。
◎ 扫描右侧二维码可观看舵机电路的仿真结果。

4.4　多个舵机实例

本小节将从原理图到程序可视化设计来讲述如何使用多个舵机。

4.4.1　原理图设计

仿照 2.1.1 节新建工程，并将其命名为"motor4"，工程新建完毕后，原理图中自动出现单片机最小系统电路图，如图 4-4-1 所示。

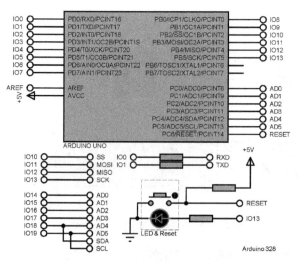

图 4-4-1　单片机最小系统电路图

在 Visual Designer 界面，右键单击工程树中的 ◢ 🗁 ARDUINO UNO(U1) 选项，弹出子菜单。单击子菜单中的 Add Peripheral 选项，弹出"Select Peripheral"对话框，在"Peripheral Category"下拉列表中选择"Adafruit"，并在其子库中选择"Adafruit 16 Channel Pwm Servo Shield"，如图 4-4-2 所示。

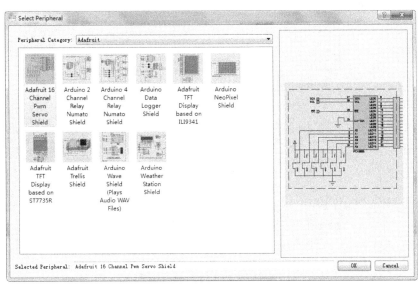

图 4-4-2 "Select Peripheral"对话框

单击"Select Peripheral"对话框中的 OK 按钮，即可将 Adafruit 16 Channel Pwm Servo Shield 放置在图纸上，放置完毕后，Schematic Capture 界面中放置 PWM 电路后的原理图如图 4-4-3 所示。PCA9685 芯片引脚 23 接入"Ground"，引脚 26 通过网络标号"SCL"与 arduino 单片机的 IO19 引脚相连，引脚 27 通过网络标号"SDA"与 arduino 单片机的 IO18 引脚相连。

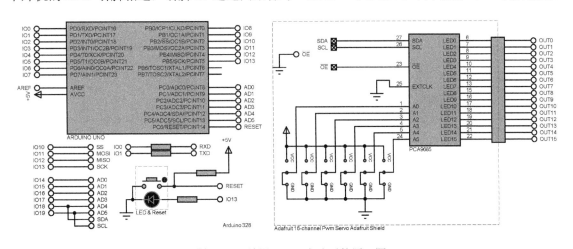

图 4-4-3 放置 PWM 电路后的原理图

执行【Library】→【Pick parts from libraries P】命令，弹出"Pick Devices"对话框，在 Keywords 栏中输入"motor"，即可搜索到电机，选择"MOTOR-PWMSERVO"，如图 4-4-4 所示。单击"Pick Devices"对话框中的 OK 按钮，即可将舵机放置在图纸上，按照此方法共放置 16 个舵机，并使之组合排列成 4×4 的矩阵，设置完毕的舵机电路如图 4-4-5 所示。

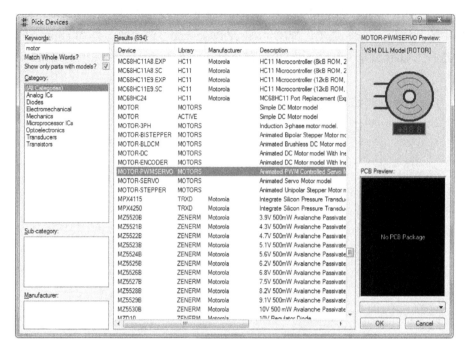

图 4-4-4 "Pick Devices" 对话框

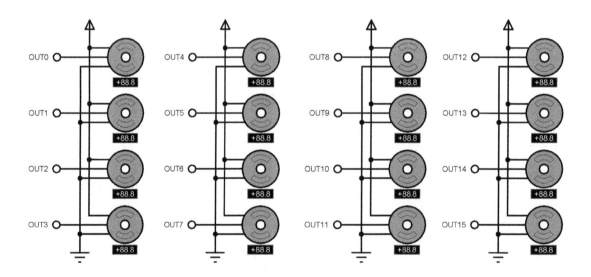

图 4-4-5 舵机电路

至此,舵机电路整体原理图设计完毕,如图 4-4-6 所示。

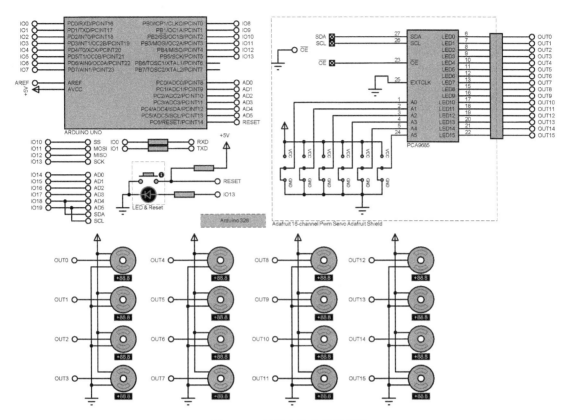

图 4-4-6 舵机电路整体原理图

4.4.2 可视化流程图设计

多个舵机电路中的 SETUP 流程图从上至下依次为 Assignment Block 框图和 PWMC1 中的 setPWMFreq 框图。

双击 Assignment Block 框图，弹出"Edit Assignment Block"对话框，在"Variables"栏新建变量 servoMIN、servoMAX、servoNUM 及 pulse，这几个变量的格式类型均为 INTEGER。在 Assignments 栏为变量赋初值，设置 servoMIN=220，servoMAX=450，servoNUM=0。Assignment Block 框图全部参数设置如图 4-4-7 所示。

双击 setPWMFreq 框图，弹出"Edit I/O Block"对话框，在"Arguments"栏中将 Freq 设置为 60。setPWMFreq 框图全部参数设置如图 4-4-8 所示。

至此，SETUP 流程图已经设计完毕，如图 4-4-9 所示。

多个舵机电路中的 LOOP 流程图自上至下依次放置 For 循环框图、PWMC1 中的 setPWM 框图、Time Delay 框图、For 循环框图、PWMC1 中的 setPWM 框图、Time Delay 框图、Assignment Block 框图、Decision Block 框图和 Assignment Block 框图（Decision Block 框图的 YES 分支）。

双击 For 循环框图，弹出"Edit Loop"对话框，在 For-Next Loop 选项卡中将 Loop Variable 设置为 pulse，Start Value 设置为 servoMIN，Stop Value 设置为 servoMAX，第 1 个 Loop 框图参数设置如图 4-4-10 所示。

双击 setPWM 框图，弹出"Edit I/O Block"对话框，在 Arguments 栏中将 Outn 设置为

servoNUM，将 On 设置为 0，将 Off 设置为 pulse。setPWM 框图全部参数设置如图 4-4-11 所示。

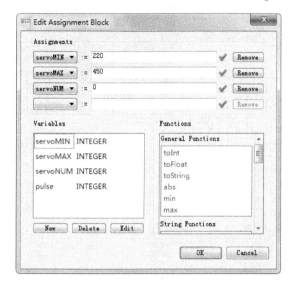

图 4-4-7　设置 Assignment Block 框图参数

图 4-4-8　设置 setPWMFreq 框图参数

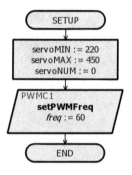

图 4-4-9　SETUP 流程图

图 4-4-10　设置第 1 个 Loop 框图参数

图 4-4-11　设置 setPWM 框图参数

双击 Time Delay 框图，弹出"Edit Delay Block"对话框，在"Delay"栏中输入 500。第 1 个 Time Delay 框图全部参数设置如图 4-4-12 所示。

双击 For 循环框图，弹出"Edit Loop"对话框，在 For-Next Loop 选项卡中将 Loop Variable 设置为 pulse，Start Value 设置为 servoMIN，Stop Value 设置为 servoMAX，Step Value 设置为-1，第 2 个 Loop 框图参数设置如图 4-4-13 所示。

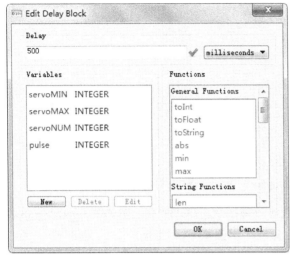

图 4-4-12　设置 Time Delay 框图参数

图 4-4-13　设置第 2 个 Loop 框图参数

双击 setPWM 框图，弹出"Edit I/O Block"对话框，在"Arguments"栏中将 Outn 设置为 servoNUM，将 On 设置为 0，将 Off 设置为 pulse。setPWM 框图全部参数设置如图 4-4-11 所示。

双击 Time Delay 框图，弹出"Edit Delay Block"对话框，在"Delay"栏中输入 500。第 2 个 Time Delay 框图全部参数设置如图 4-4-12 所示。

双击 Assignment Block 框图，弹出"Edit Assignment Block"对话框，在"Assignments"栏为变量赋值，设置 servoNUM=servoNUM+1。第 1 个 Assignment Block 框图全部参数设置如图 4-4-14 所示。

双击 Decision Block 框图，弹出"Edit Decision Block"对话框，在"Condition"栏设置 servoNUM>15。Decision Block 框图全部参数设置如图 4-4-15 所示。

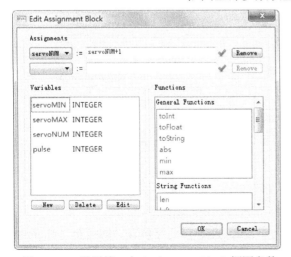

图 4-4-14　设置第 1 个 Assignment Block 框图参数

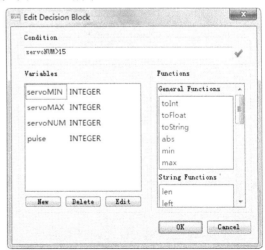

图 4-4-15　设置 Decision Block 框图参数

双击 Assignment Block 框图，弹出"Edit Assignment Block"对话框，在"Assignments"栏为变量赋值，设置 servoNUM=0。第 2 个 Assignment Block 框图全部参数设置如图 4-4-16 所示。

图 4-4-16　设置第 2 个 Assignment Block 框图参数

多个舵机电路中 LOOP 流程图相关框图参数修改完毕后，LOOP 流程图如图 4-4-17 所示。至此，多个舵机电路整体可视化设计流程图设计完毕，如图 4-4-18 所示。

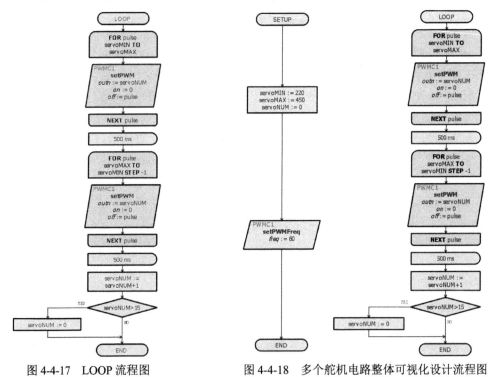

图 4-4-17　LOOP 流程图　　　　图 4-4-18　多个舵机电路整体可视化设计流程图

4.4.3　仿真验证

在 Proteus 主菜单中，执行 Debug→ Run Simulation 命令，运行仿真。切换至 Schematic Capture 界面，多个舵机电路已经开始运行。可以观察到 16 个舵机依次从-90°转动至+90°，再从+90°转动至-90°，部分运转情况如图 4-4-19～图 4-4-22 所示。

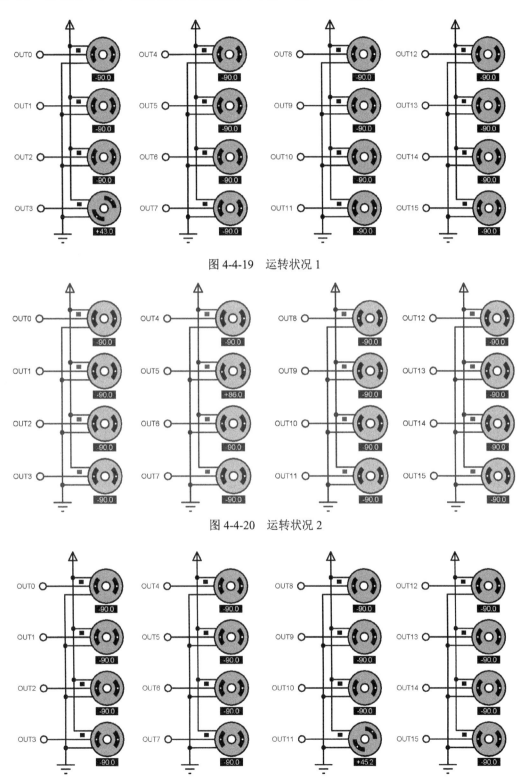

图 4-4-19　运转状况 1

图 4-4-20　运转状况 2

图 4-4-21　运转状况 3

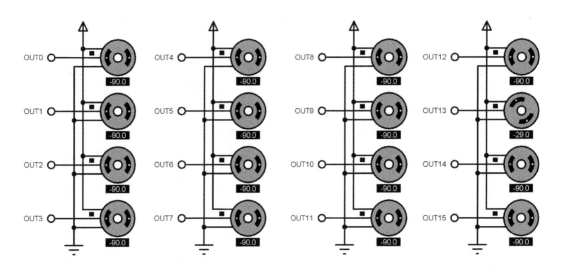

图 4-4-22 运转状况 4

经仿真验证,多个舵机电路基本满足要求。

小提示

◎ 扫描右侧二维码可观看多个舵机电路的仿真结果。

第 5 章　玩转传感器实例

5.1　距离传感器实例

本小节将从原理图到程序可视化设计来讲述如何使用距离传感器。

5.1.1　原理图设计

仿照 2.1.1 节新建工程，并将其命名为"sensor1"，工程新建完毕后，原理图中自动出现单片机最小系统电路图，如图 5-1-1 所示。

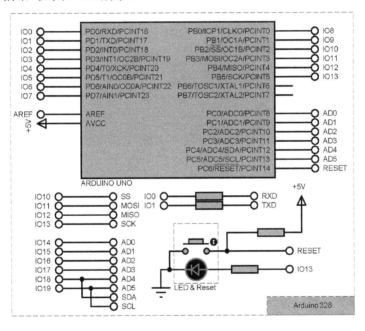

图 5-1-1　单片机最小系统电路图

在 Visual Designer 界面，右键单击工程树中的 ARDUINO UNO(U1) 选项，弹出子菜单。单击子菜单中的 Add Peripheral 选项，弹出"Select Peripheral"对话框，在"Peripheral Category"下拉列表中选择"Grove"，并在其子库中选择"Grove Ultrasonic Ranger Module"，如图 5-1-2 所示。

单击"Select Peripheral"对话框中的 OK 按钮，即可将 Grove Ultrasonic Ranger Module 元件放置在图纸上，放置完毕后，Schematic Capture 界面中的原理图如图 5-1-3 所示。

在 Visual Designer 界面，右键单击工程树中的 ARDUINO UNO(U1) 选项，弹出子菜单。单击子菜单中的 Add Peripheral 选项，弹出"Select Peripheral"对话框，在"Peripheral Category"下拉列表中选择"Grove"，并在其子库中选择"Grove RGB LCD Module"，如图 5-1-4 所示。

106 用 Proteus 可视化设计玩转 Arduino

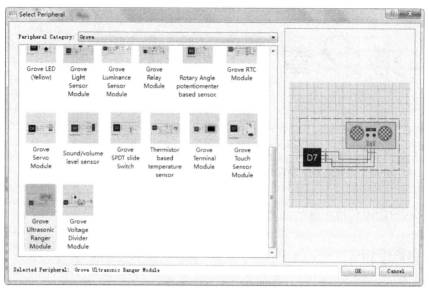

图 5-1-2 "Select Peripheral" 对话框（1）

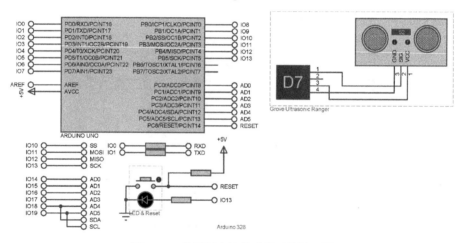

图 5-1-3 放置超声波传感器后的原理图

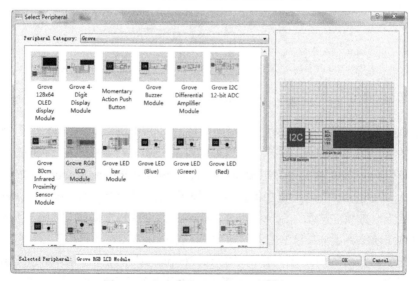

图 5-1-4 "Select Peripheral" 对话框（2）

单击"Select Peripheral"对话框中的 OK 按钮，即可将 Grove RGB LCD Module 放置在图纸上，放置完毕后，Schematic Capture 界面中的原理图如图 5-1-5 所示。

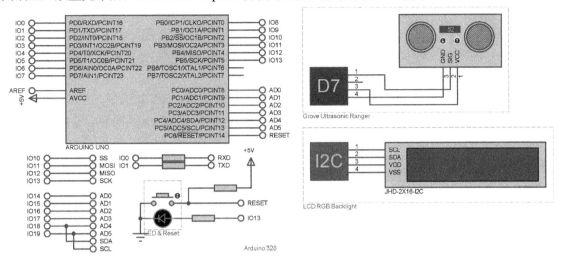

图 5-1-5　放置显示屏后的原理图

至此，距离传感器电路原理图设计完毕。

5.1.2　可视化流程图设计

距离传感器电路中的 SETUP 流程图自上至下依次放置 LCD1 中的 setPlaces 框图和 LCD1 中的 clear 框图。

双击 LCD1 中的 setPlaces 框图，弹出"Edit I/O Block"对话框，在"Arguments"栏中将 Places 设置为 1。LCD1 的 setPlaces 框图全部参数设置如图 5-1-6 所示。

双击 LCD1 中的 clear 框图，弹出"Edit I/O Block"对话框，所有参数选择默认设置，如图 5-1-7 所示。

图 5-1-6　设置 setPlaces 框图参数

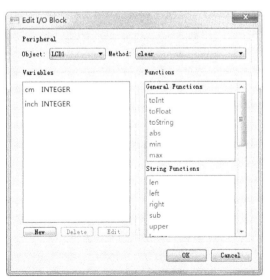

图 5-1-7　设置 clear 框图参数

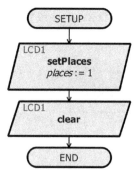

至此，SETUP 流程图已经设计完毕，如图 5-1-8 所示。

距离传感器电路中的 LOOP 流程图自上至下依次放置 UR1 中的 readCentimeters 框图、LCD1 中的 setCursor 框图和 LCD1 中的 print 框图。

双击 readCentimeters 框图，弹出"Edit I/O Block"对话框，在 Results 栏中设置 Reading=>cm。readCentimeters 框图全部参数设置如图 5-1-9 所示。

双击 setCursor 框图，弹出"Edit I/O Block"对话框，在"Arguments"栏中将 Col 设置为 0，Row 设置为 0。setCursor 框图全部参数设置如图 5-1-10 所示。

图 5-1-8　SETUP 流程图

图 5-1-9　设置 readCentimeters 框图参数　　　　图 5-1-10　设置 setCursor 框图参数

双击 print 框图，弹出"Edit I/O Block"对话框，在"Arguments"栏中输入"distance:",cm,"cm"。print 框图全部参数设置如图 5-1-11 所示。距离传感器电路中 LOOP 流程图相关框图参数修改完毕后，LOOP 流程图如图 5-1-12 所示。

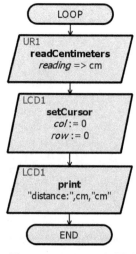

图 5-1-11　设置 print 框图参数　　　　图 5-1-12　LOOP 流程图

至此，距离传感器电路整体可视化设计流程图设计完毕，如图 5-1-13 所示。

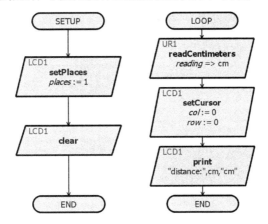

图 5-1-13　距离传感器电路整体可视化设计流程图

5.1.3　仿真验证

在 Proteus 主菜单中，执行 Debug→ Run Simulation 命令，运行仿真，切换至 Schematic Capture 界面，初始状态时，将距离传感器设置为 10cm，可见 LCD1602 显示 "distance：10cm"，如图 5-1-14 所示。

将距离传感器设置为 20cm，可见 LCD1602 显示 "distance：20cm"，如图 5-1-15 所示。

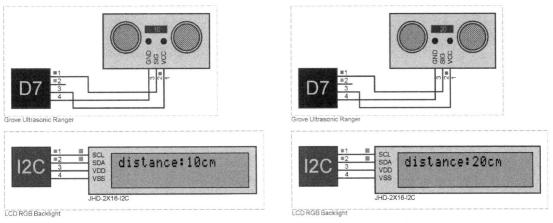

图 5-1-14　初始状态　　　　　　图 5-1-15　设置距离为 20cm 时 LCD1602 显示状态

将距离传感器设置为 30cm，可见 LCD1602 显示 "distance：30cm"，如图 5-1-16 所示。将距离传感器设置为 40cm，可见 LCD1602 显示 "distance：40cm"，如图 5-1-17 所示。将距离传感器设置为 50cm，可见 LCD1602 显示 "distance：50cm"，如图 5-1-18 所示。将距离传感器设置为 60cm，可见 LCD1602 显示 "distance：60cm"，如图 5-1-19 所示。

经仿真验证，距离传感器电路基本满足要求。

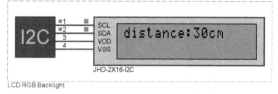

图 5-1-16　设置距离为 30cm 时 LCD1602 显示状态

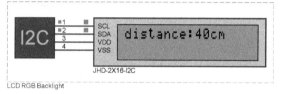

图 5-1-17　设置距离为 40cm 时 LCD1602 显示状态

图 5-1-18　设置距离为 50cm 时 LCD1602 显示状态

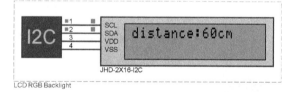

图 5-1-19　设置距离为 60cm 时 LCD1602 显示状态

小提示

◎ 读者可以调节距离传感器参数，以便 LCD1602 显示其他参数。
◎ 扫描右侧二维码可观看距离传感器电路的仿真结果。

5.2　声音传感器实例

本小节将从原理图到程序可视化设计来讲述如何使用声音传感器。

5.2.1　原理图设计

仿照 2.1.1 节新建工程，并将其命名为"sensor2"，工程新建完毕后，原理图中自动出现单片机最小系统电路图，如图 5-2-1 所示。

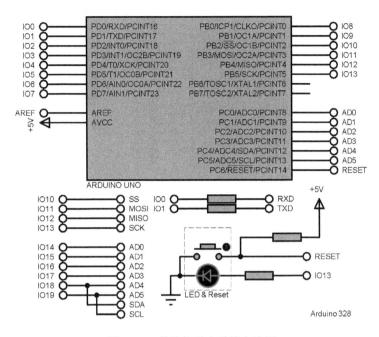

图 5-2-1　单片机最小系统电路图

在 Visual Designer 界面，右键单击工程树中的 ◢ 📁 `ARDUINO UNO(U1)` 选项，弹出子菜单。单击子菜单中的 `Add Peripheral` 选项，弹出"Select Peripheral"对话框，在"Peripheral Category"下拉列表中选择"Grove"，并在其子库中选择"Sound/volume level sensor"，如图 5-2-2 所示。单击"Select Peripheral"对话框中的 `OK` 按钮，即可将 Sound/volume level sensor 放置在图纸上，放置完毕后，Schematic Capture 界面中放置声音传感器的原理图如图 5-2-3 所示。

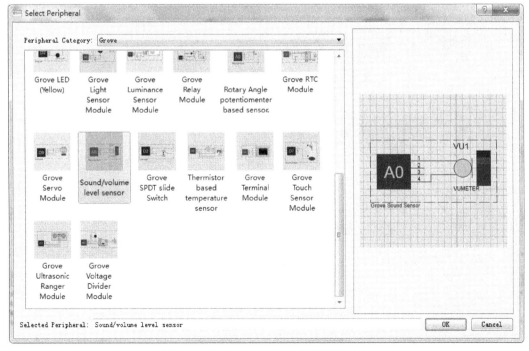

图 5-2-2　"Select Peripheral"对话框（1）

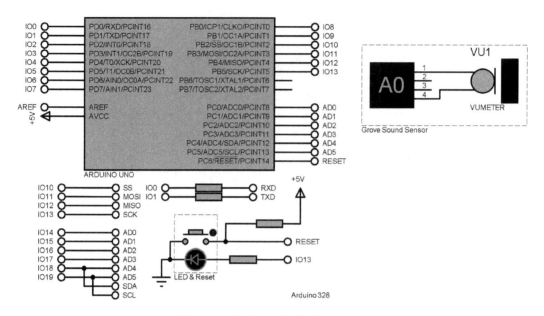

图 5-2-3 放置声音传感器的原理图

右键单击工程树中的 ◢ 📁 ARDUINO UNO(U1) 选项，弹出子菜单。单击子菜单中 Add Peripheral 选项，弹出"Select Peripheral"对话框，在"Peripheral Category"下拉列表中选择"Grove"，并在其子库中选择"Grove RGB LCD Module"，如图 5-2-4 所示。单击"Select Peripheral"对话框中的 OK 按钮，即可将 Grove RGB LCD Module 放置在图纸上，放置完毕后，Schematic Capture 界面中的声音传感器电路整体原理图如图 5-2-5 所示。

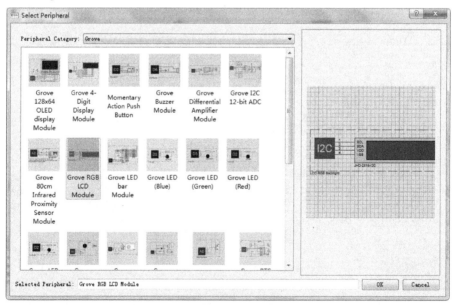

图 5-2-4 "Select Peripheral"对话框（2）

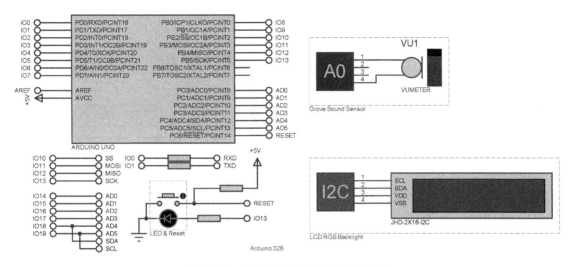

图 5-2-5 声音传感器电路整体原理图

至此,声音传感器电路整体原理图设计完毕。

5.2.2 可视化流程图设计

声音传感器电路中的 SETUP 流程图自上至下依次放置 LCD1 中的 clear 框图、LCD1 中的 setPlaces 框图和 Assignment Block 框图。

双击 LCD1 中的 clear 框图,弹出"Edit I/O Block"对话框,所有参数选择默认设置,如图 5-2-6 所示。

双击 LCD1 中的 setPlaces 框图,弹出"Edit I/O Block"对话框,在"Arguments"栏中将 Places 设置为 2。LCD1 的 setPlaces 框图全部参数设置如图 5-2-7 所示。

图 5-2-6 设置 clear 框图参数

图 5-2-7 设置 setPlaces 框图参数

双击 Assignment Block 框图,弹出"Edit Assignment Block"对话框,在"Variables"栏新

建变量 a、lev 和 level，格式类型均为 INTEGER。在"Assignments"栏为变量赋初值，a=0，lev=0。Assignment Block 框图全部参数设置如图 5-2-8 所示。

至此，SETUP 流程图已经设计完毕，如图 5-2-9 所示。

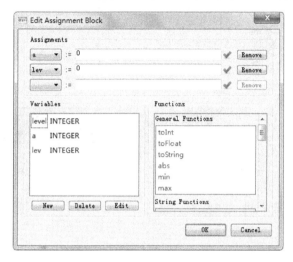

图 5-2-8　设置 Assignment Block 框图参数

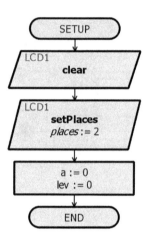

图 5-2-9　SETUP 流程图

声音传感器电路中的 LOOP 流程图自上至下依次放置 VU1 中的 readLevel 框图、Time Delay 框图、Assignment Block 框图、Decision Block 框图、LCD1 中的 setCursor 框图（Decision Block 框图的 YES 分支）、LCD1 中的 print 框图（Decision Block 框图的 YES 分支）、LCD1 中的 setCursor 框图（Decision Block 框图的 NO 分支）、LCD1 中的 print 框图（Decision Block 框图的 NO 分支）和 Time Delay 框图。

双击 VU1 中的 readLevel 框图，弹出"Edit I/O Block"对话框，在"Results"栏中设置 Reading=>level。LCD1 的 readLevel 框图全部参数设置如图 5-2-10 所示。

双击 Time Delay 框图，弹出"Edit Delay Block"对话框，在"Delay"栏中输入 100。Time Delay 框图全部参数设置如图 5-2-11 所示。

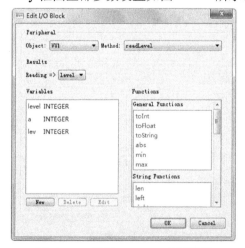

图 5-2-10　设置 readLevel 框图参数

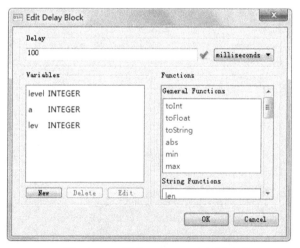

图 5-2-11　设置 Time Delay 框图参数

双击 Assignment Block 框图，弹出"Edit Assignment Block"对话框，在"Assignments"栏

为变量赋值，设置 lev=level。Assignment Block 框图全部参数设置如图 5-2-12 所示。

双击 Decision Block 框图，弹出"Edit Decision Block"对话框，在"Condition"栏设置 lev<=500。Decision Block 框图全部参数设置如图 5-2-13 所示。

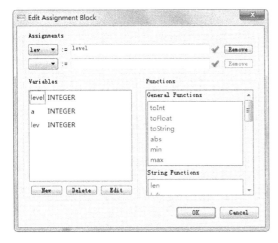

图 5-2-12 设置 Assignment Block 框图参数

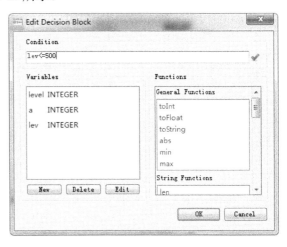

图 5-2-13 设置 Decision Block 框图参数

双击 setCursor 框图（Decision Block 框图的 YES 分支），弹出"Edit I/O Block"对话框，在"Arguments"栏中将 Col 设置为 0，Row 设置为 0。setCursor 框图全部参数设置如图 5-2-14 所示。

双击 print 框图（Decision Block 框图的 YES 分支），弹出"Edit I/O Block"对话框，在"Arguments"栏中输入"VOICE:LOW"。print 框图全部参数设置如图 5-2-15 所示。

图 5-2-14 设置 setCursor 框图参数

图 5-2-15 设置 print 框图参数（1）

双击 setCursor 框图（Decision Block 框图 NO 分支），弹出"Edit I/O Block"对话框，在"Arguments"栏中将 Col 设置为 0，Row 设置为 0。setCursor 框图全部参数设置如图 5-2-14 所示。

双击 print 框图（Decision Block 框图 NO 分支），弹出"Edit I/O Block"对话框，在"Arguments"栏中输入"VOICE:HIG"。print 框图全部参数设置如图 5-2-16 所示。

双击 Time Delay 框图，弹出"Edit Delay Block"对话框，在"Delay"栏中输入 100。Time

Delay 框图全部参数设置如图 5-2-11 所示。声音传感器电路中 LOOP 流程图相关框图参数修改完毕后，LOOP 流程图如图 5-1-17 所示。

图 5-2-16　设置 print 框图参数（2）　　　　图 5-2-17　LOOP 流程图

至此，声音传感器电路整体可视化设计流程图设计完毕，如图 5-2-18 所示。

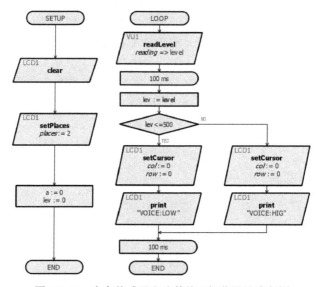

图 5-2-18　声音传感器电路整体可视化设计流程图

5.2.3　仿真验证

在 Proteus 主菜单中，执行 Debug → Run Simulation 命令，运行仿真。切换至 Schematic Capture 界面，当声音传感器检测到的声音等级小于设定等级时，LCD1602 显示"VOICE:LOW"，如图 5-2-19 所示。

当声音传感器检测到的声音等级大于设定等级时，LCD1602 显示"VOICE:HIG"，如图 5-2-20 所示。

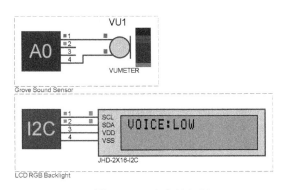

图 5-2-19 声音等级低

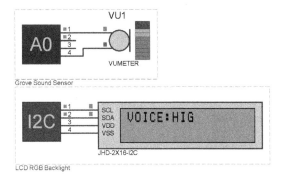

图 5-2-20 声音等级高

经仿真验证，声音传感器电路基本满足要求。

小提示

◎ 读者可以再将声音细分若干个等级。
◎ 扫描右侧二维码可观看步进电机电路的仿真结果。

5.3 电流传感器实例

本小节将从原理图到程序可视化设计来讲述如何使用电流传感器。

5.3.1 原理图设计

仿照 2.1.1 节新建工程，并将其命名为"sensor3"，工程新建完毕后，原理图中自动出现单片机最小系统电路图，如图 5-3-1 所示。

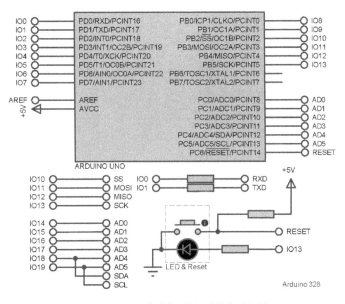

图 5-3-1 单片机最小系统电路图

在 Visual Designer 界面，右键单击工程树中的 ◢ 📂 `ARDUINO UNO(U1)` 选项，弹出子菜单。单击子菜单中的 `Add Peripheral` 选项，弹出 "Select Peripheral" 对话框，在 "Peripheral Category" 下拉列表中选择 "Breakout Peripherals"，并在其子库中选择 "Arduino Alphanumeric Lcd 16×2 breakout board"，如图 5-3-2 所示。单击 "Select Peripheral" 对话框中的 `OK` 按钮，即可将 Arduino Alphanumeric Lcd 16×2 breakout board 放置在图纸上，放置完毕后，Schematic Capture 界面中的原理图如图 5-3-3 所示。

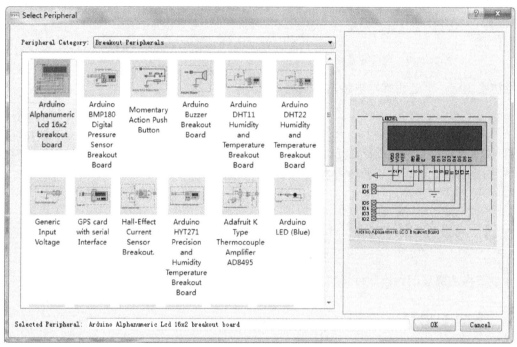

图 5-3-2 "Select Peripheral" 对话框（1）

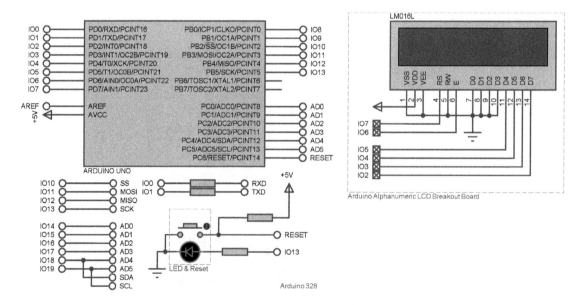

图 5-3-3 放置 LCD1602 后的原理图

右键单击工程树中的 ◢ ARDUINO UNO(U1) 选项,弹出子菜单。单击子菜单中的 Add Peripheral 选项,弹出"Select Peripheral"对话框,在"Peripheral Category"下拉列表中选择"Breakout Peripherals",并在其子库中选择"Hall-Effect Current Sensor Breakout",如图 5-3-4 所示。单击"Select Peripheral"对话框中的 OK 按钮,即可将 Hall-Effect Current Sensor Breakout 放置在图纸上,放置完毕后,Schematic Capture 界面中的原理图如图 5-3-5 所示。

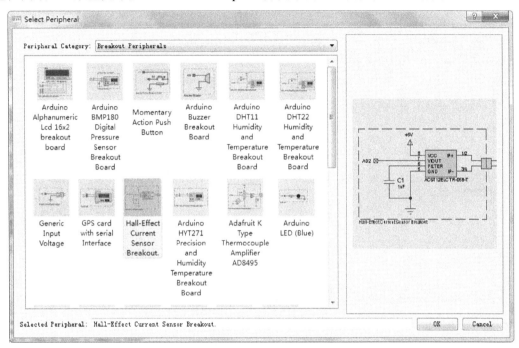

图 5-3-4 "Select Peripheral"对话框(2)

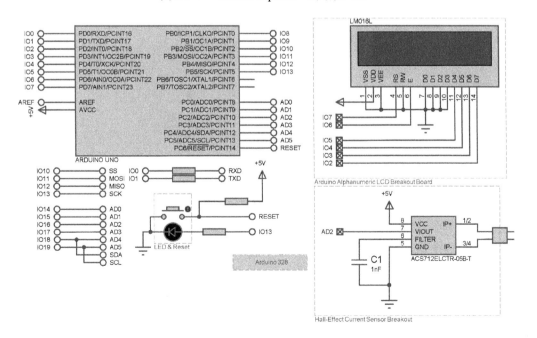

图 5-3-5 放置电流传感器后的原理图

执行 Library → Pick parts from libraries P 命令，弹出"Pick Device"对话框，在 Keywords 栏中输入"battery"，搜索结果如图 5-3-6 所示，选择第 1 个"battery"，并放置在图纸上。以同样的方式，将"RES"、"POT-HG"和直流电流表放置在图纸上，如图 5-3-7 所示。

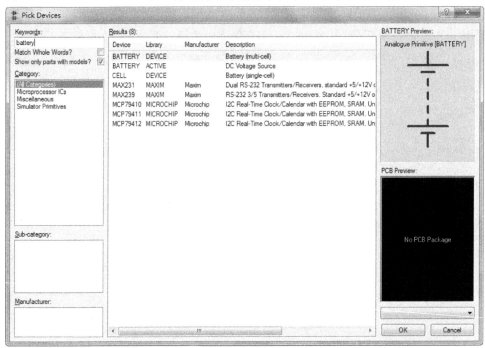

图 5-3-6 搜索"battery"

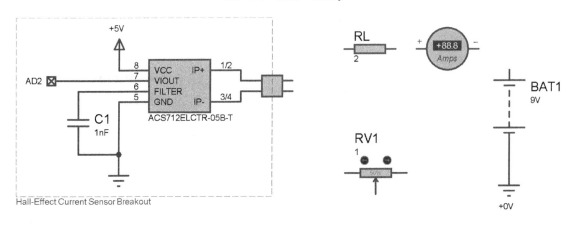

图 5-3-7 放置其他元器件在图纸上

将电阻、直流电流表、9V 直流电流、滑动变阻器连接入电流传感器，连接完毕后，电流传感器电路整体原理图如图 5-3-8 所示。

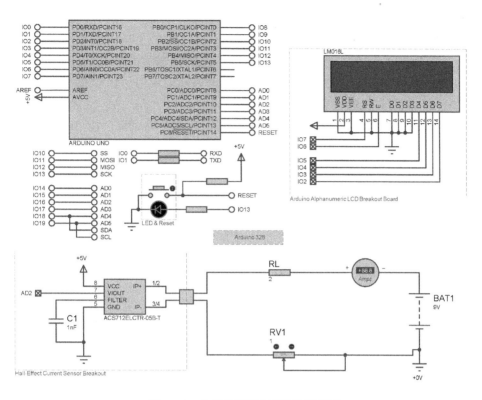

图 5-3-8　电流传感器电路整体原理图

至此，电流传感器电路整体原理图设计完毕。

5.3.2　可视化流程图设计

电流传感器电路中的 SETUP 流程图仅需放置 1 个 Assignment Block 框图。双击 Assignment Block 框图，弹出"Edit Assignment Block"对话框，在"Variables"栏新建变量 measure 和 threshold，格式类型均为 FLOAT。在 Assignments 栏为变量赋初值，设置 threshold=4.0。Assignment Block 框图全部参数设置如图 5-3-9 所示。至此，SETUP 流程图设计完毕，如图 5-3-10 所示。

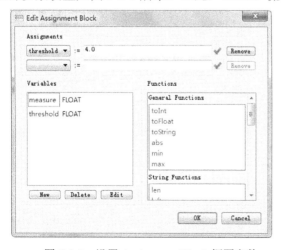

图 5-3-9　设置 Assignment Block 框图参数

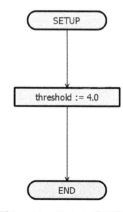

图 5-3-10　SETUP 流程图

电流传感器电路中的 LOOP 流程图自上至下依次放置 ACS1 框图、LCD1 中的 home 框图（ACS1 框图 YES 分支中）、LCD1 中的 println 框图（ACS1 框图 YES 分支中）、LCD1 中的 println 框图（ACS1 框图的 YES 分支）、ACS1 中的 readDcCurrent 框图（ACS1 框图的 NO 分支）、LCD1 中的 home 框图（ACS1 框图的 NO 分支）、LCD1 中的 println 框图（ACS1 框图的 NO 分支）和 LCD1 中的 println 框图（ACS1 框图的 NO 分支）。

双击 Decision Block 框图，弹出"Edit Decision Block"对话框，在"Condition"栏设置 ACS1(threshold)。Decision Block 框图全部参数设置如图 5-3-11 所示。

双击 home 框图（ACS1 框图的 YES 分支），弹出"Edit I/O Block"对话框，所有参数选择默认设置，如图 5-3-12 所示。

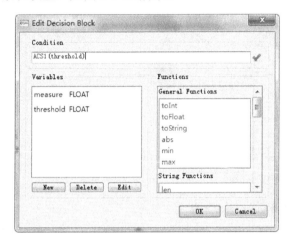 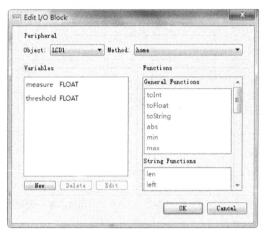

图 5-3-11　设置 Decision Block 框图参数　　　　图 5-3-12　设置 home 框图参数

双击 println 框图（ACS1 框图的 YES 分支），弹出"Edit I/O Block"对话框，在"Arguments"栏中输入"ALARM! "。第 1 个 println 框图全部参数设置如图 5-3-13 所示。

双击 println 框图（ACS1 框图的 YES 分支），弹出"Edit I/O Block"对话框，在"Arguments"栏中输入"Current too high"。第 2 个 println 框图全部参数设置如图 5-3-14 所示。

 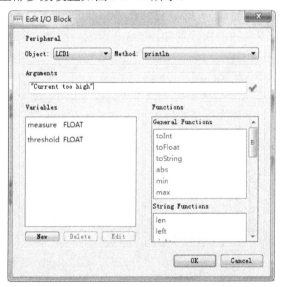

图 5-3-13　设置第 1 个 println 框图参数　　　　图 5-3-14　设置第 2 个 println 框图参数

双击 readDcCurrent 框图（ACS1 框图的 NO 分支），弹出"Edit I/O Block"对话框，在"Arguments"栏中将 Naverages 设为 100，在"Results"栏中设置 Reading=>measure。print 框图全部参数设置如图 5-3-15 所示。

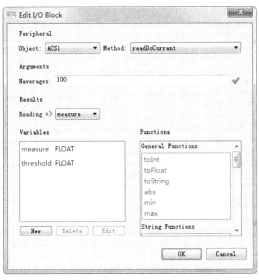

图 5-3-15　设置 readDcCurrent 框图参数

双击 home 框图（ACS1 框图的 NO 分支），弹出"Edit I/O Block"对话框，所有参数选择默认设置，如图 5-3-12 所示。

双击 println 框图（ACS1 框图的 NO 分支），弹出"Edit I/O Block"对话框，在"Arguments"栏中输入"DC Current: "。第 3 个 println 框图全部参数设置如图 5-3-16 所示。

双击 println 框图（ACS1 框图的 NO 分支），弹出"Edit I/O Block"对话框，在"Arguments"栏中输入 measure,"A "。第 4 个 println 框图全部参数设置如图 5-3-17 所示。

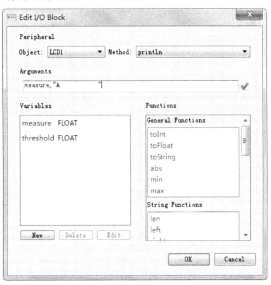

图 5-3-16　设置第 3 个 println 框图参数　　　图 5-3-17　设置第 4 个 println 框图参数

电流传感器电路中 LOOP 流程图相关框图参数修改完毕后，LOOP 流程图如图 5-3-18 所示，电流传感器电路整体可视化设计流程图设计完毕，如图 5-2-19 所示。

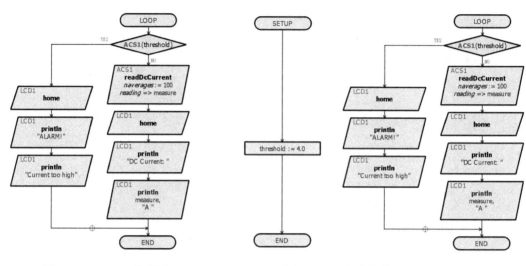

图 5-3-18　LOOP 流程图　　　　　图 5-3-19　电流传感器电路整体流程图

5.3.3　仿真验证

在 Proteus 主菜单中，执行 Debug→ Run Simulation 命令，运行仿真。切换至 Schematic Capture 界面，电流传感器电路已经开始运行。

将滑动变阻器调节到 23%的位置时，直流电流表显示 4.03A，当前输入电流大于 4A，则 LCD1602 无法实时显示电流，LCD1602 显示"ALARM！Current too high"，如图 5-3-20 所示。

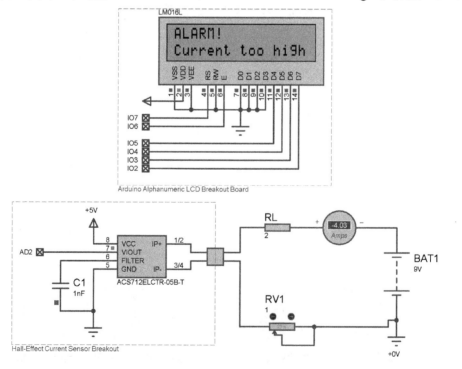

图 5-3-20　滑动变阻器调节至 23%直流电流表显示情况

将滑动变阻器调节到 35%的位置时,直流电流表显示 3.83A,当前输入电流小于 4A,则 LCD1602 可以实时显示电流,LCD1602 显示 "DC Current:3.83A",如图 5-3-21 所示。

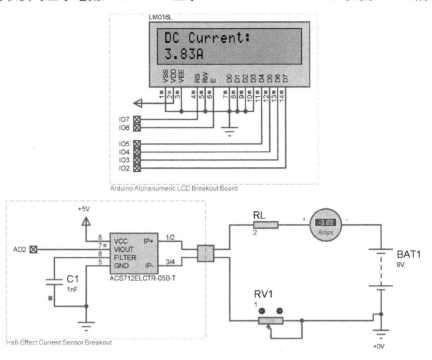

图 5-3-21　滑动变阻器调节至 35%直流电流表显示情况

将滑动变阻器调节到 45%的位置时,直流电流表显示 3.67A,当前输入电流小于 4A,则 LCD1602 可以实时显示电流,LCD1602 显示 "DC Current:3.67A",如图 5-3-22 所示。

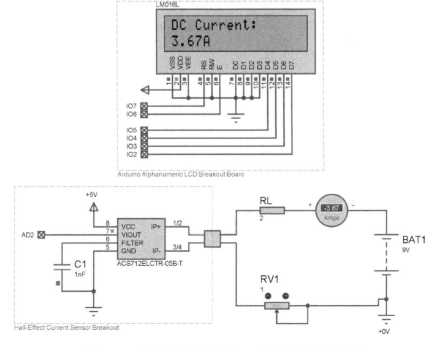

图 5-3-22　滑动变阻器调节至 45%直流电流表显示情况

将滑动变阻器调节到 66%的位置时，直流电流表显示 3.38A，当前输入电流小于 4A，则 LCD1602 可以实时显示电流，LCD1602 显示"DC Current：3.38A"，如图 5-3-23 所示。

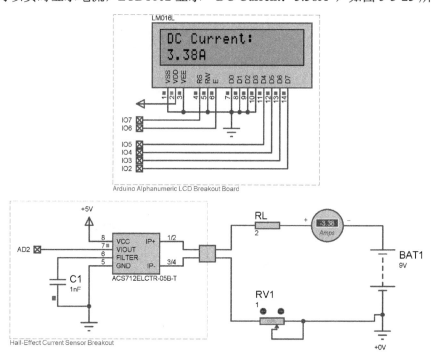

图 5-3-23　滑动变阻器调节至 66%直流电流表显示情况

将滑动变阻器调节到 90%的位置时，直流电流表显示 3.10A，当前输入电流小于 4A，则 LCD1602 可以实时显示电流，LCD1602 显示"DC Current：3.12A"，如图 5-3-24 所示。

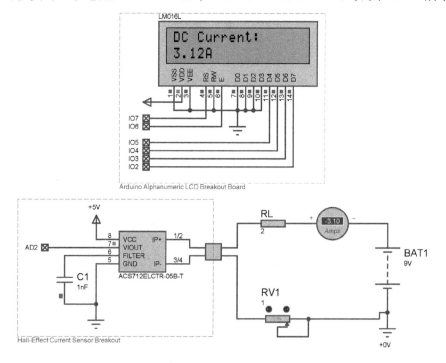

图 5-3-24　滑动变阻器调节至 90%直流电流表显示情况

经仿真验证，电流传感器电路基本满足要求

📎 小提示

◎ 读者可以适当调节滑动变阻器，以便显示其他电流数值。
◎ 扫描右侧二维码可观看电流传感器电路的仿真结果。

5.4 温度、湿度传感器实例

本小节将从原理图到程序可视化设计来讲述如何使用温度/湿度传感器。

5.4.1 原理图设计

仿照 2.1.1 节新建工程，并将其命名为"sensor4"，工程新建完毕后，原理图中自动出现单片机最小系统电路图，如图 5-4-1 所示。

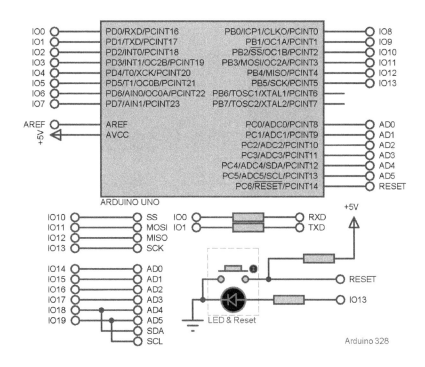

图 5-4-1 单片机最小系统电路图

在 Visual Designer 界面，右键单击工程树中的 ARDUINO UNO(U1) 选项，弹出子菜单。单击子菜单中的 Add Peripheral 选项，弹出"Select Peripheral"对话框，在"Peripheral Category"下拉列表中选择"Breakout Peripherals"，并在其子库中选择"Arduino Alphanumeric Lcd 16×2 breakout board"，如图 5-4-2 所示。单击"Select Peripheral"对话框中的 OK 按钮，即可将 Arduino Alphanumeric Lcd 16×2 breakout board 放置在图纸上，放置完毕后，Schematic Capture 界面中的原理图如图 5-4-3 所示。

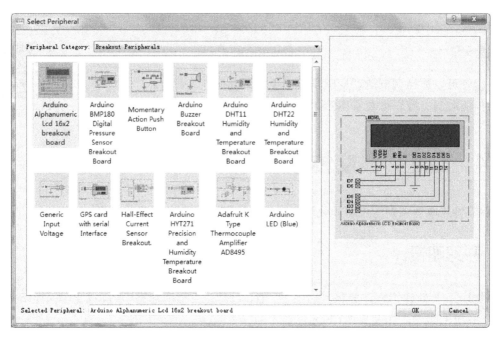

图 5-4-2 "Select Peripheral"对话框（1）

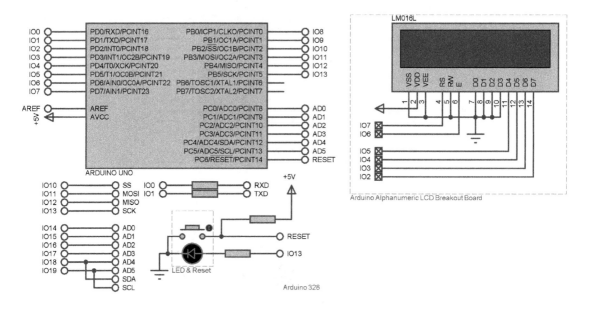

图 5-4-3 放置 LCD1602 后的原理图

右键单击工程树中的 ARDUINO UNO(U1) 选项，弹出子菜单。单击子菜单中的 Add Peripheral 选项，弹出"Select Peripheral"对话框，在"Peripheral Category"下拉列表中选择"Breakout Peripherals"，并在其子库中选择"Arduino DHT22 Humidity and Temperature Breakout Board"，如图 5-4-4 所示。单击"Select Peripheral"对话框中的 OK 按钮，即可将 Arduino DHT22 Humidity and Temperature Breakout Board 放置在图纸上，放置完毕后，Schematic Capture 界面的整体原理图如图 5-4-5 所示。

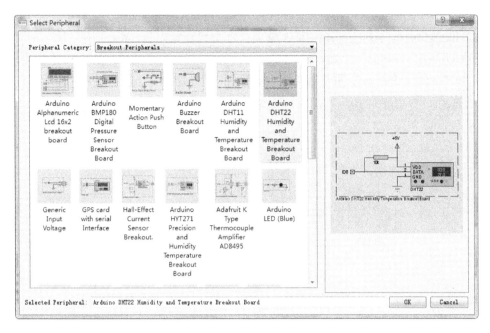

图 5-4-4 "Select Peripheral"对话框（2）

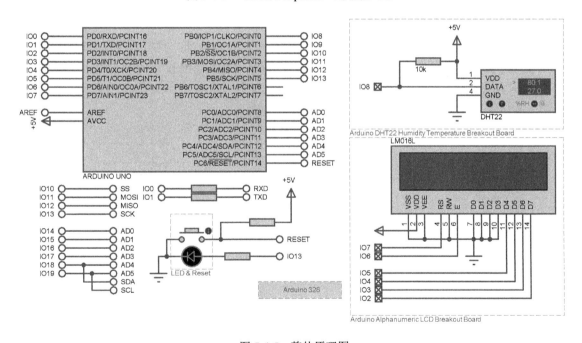

图 5-4-5 整体原理图

至此，温度、湿度传感器整体电路原理图设计完毕。

5.4.2 可视化流程图设计

温度、湿度传感器电路中的 SETUP 流程图自上至下依次放置 Assignment Block 框图、LCD1 中的 setPlaces 框图和 LCD1 中的 println 框图。

双击 Assignment Block 框图，弹出 "Edit Assignment Block" 对话框，在 "Variables" 栏新

建变量 humidity 和 tCelsius，格式类型均为 FLOAT。在"Assignments"栏为变量赋初值，设置 tCelsius=0，humidity=0。Assignment Block 框图全部参数设置如图 5-4-6 所示。

双击 LCD1 中的 setPlaces 框图，弹出"Edit I/O Block"对话框，在"Arguments"栏中将 Places 设置为 1。LCD1 的 setPlaces 框图全部参数设置如图 5-4-7 所示

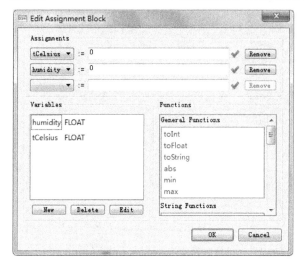 

图 5-4-6　设置 Assignment Block 框图参数　　　　图 5-4-7　设置 setPlaces 框图参数

双击 printIn 框图，弹出"Edit I/O Block"对话框，在"Arguments"栏中输入" DHT22 sensor "。printIn 框图全部参数设置如图 5-4-8 所示。至此，SETUP 流程图已经设计完毕，如图 5-4-9 所示。

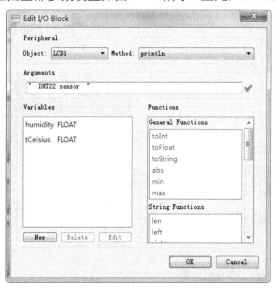 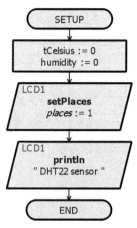

图 5-4-8　设置 printIn 框图参数　　　　图 5-4-9　SETUP 流程图

温度、湿度传感器电路中的 LOOP 流程图自上至下依次放置 Time Delay 框图、HTS1 中的 readHumidity 框图、HTS1 中的 readTemperature 框图、LCD1 中的 home 框图、LCD1 中的 printIn 框图和 LCD1 中的 printIn 框图。

双击 Time Delay 框图，弹出"Edit Delay Block"对话框，在"Delay"栏中输入 1000。Time Delay 框图全部参数设置如图 5-4-10 所示。

双击 readHumidity 框图，弹出"Edit I/O Block"对话框，在"Results"栏中设置 Humidity=> humidity。readHumidity 框图全部参数设置如图 5-4-11 所示。

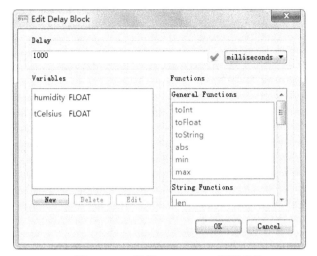
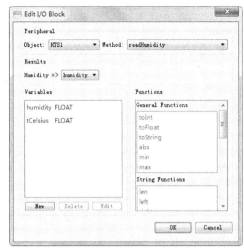

图 5-4-10　设置 Time Delay 框图参数　　　　图 5-4-11　设置 readHumidity 框图参数

双击 readTemperature 框图，弹出"Edit I/O Block"对话框，在"Arguments"栏将 Scale 设置为 Celsius，在 Results 栏中设置 Temperature=>tCelsius。readTemperature 框图全部参数设置如图 5-4-12 所示。

双击 home 框图，弹出"Edit I/O Block"对话框，所有参数选择默认设置，如图 5-4-13 所示。

图 5-4-12　设置 readTemperature 框图参数　　　图 5-4-13　设置 home 框图参数

双击 printIn 框图，弹出"Edit I/O Block"对话框，在"Arguments"栏中输入"Humidity:"，humidity，"%"。printIn 框图全部参数设置如图 5-4-14 所示。

双击 printIn 框图，弹出"Edit I/O Block"对话框，在"Arguments"栏中输入"Temp:"，tCelsius，" 'C "。printIn 框图全部参数设置如图 5-4-15 所示。

温度、湿度传感器电路中 LOOP 流程图相关框图参数修改完毕后，LOOP 流程图如图 5-4-16 所示，温度、湿度传感器电路整体流程图已经设计完毕，如图 5-4-17 所示。

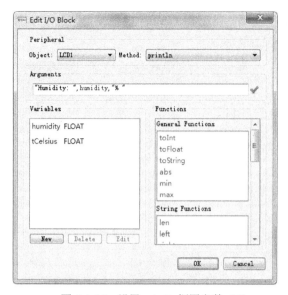 

图 5-4-14　设置 println 框图参数（1）　　　图 5-4-15　设置 println 框图参数（2）

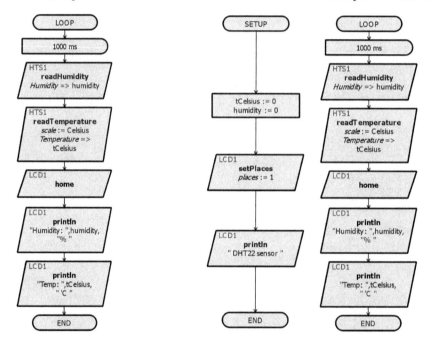

图 5-4-16　LOOP 流程图　　图 5-4-17　温度、湿度传感器电路整体可视化设计流程图

至此，温度、湿度传感器电路整体可视化设计流程图设计完毕。

5.4.3　仿真验证

在 Proteus 主菜单中，执行 Debug → Run Simulation 命令，运行仿真。切换至 Schematic Capture 界面，温度、湿度传感器电路已经开始运行，初始状态如图 5-4-18 所示，LCD1602 显示"DHT22 sensor"。

将 DHT22 sensor 中的湿度设置为 80.0%，温度设置为 27.0℃，此时 LCD1602 第一行显示"Humidity：80.0%"，第二行显示"Temp：27.0℃"，如图 5-4-19 所示。

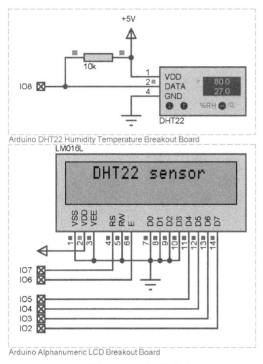

图 5-4-18　初始状态　　　　　　　　　图 5-4-19　状态 1[①]

将 DHT22 sener 中的湿度设置为 90.0%，温度设置为 30.0℃，此时 LCD1602 第一行显示"Humidity：90.0%"，第二行显示"Temp：30.0℃"，如图 5-4-20 所示。

将 DHT22 sener 中的湿度设置为 70.0%，温度设置为 35.0℃，此时 LCD1602 第一行显示"Humidity：70.0%"，第二行显示"Temp：35.0℃"，如图 5-4-21 所示。

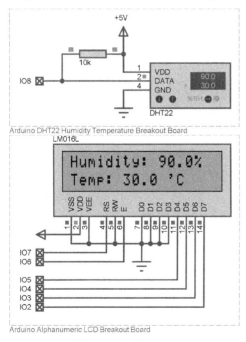 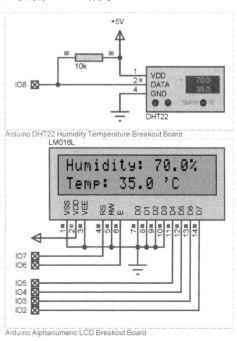

图 5-4-20　状态 2　　　　　　　　　　图 5-4-21　状态 3

---

① 由于软件原因图中'C 代表℃。

将 DHT22 sener 中的湿度设置为 50.0%，温度设置为 40.0℃，此时 LCD1602 第一行显示"Humidity：50.0%"，第二行显示"Temp：40.0℃"，如图 5-4-22 所示。

将 DHT22 sener 中的湿度设置为 55.0%，温度设置为 45.0℃，此时 LCD1602 第一行显示"Humidity：55.0%"，第二行显示"Temp：45.0℃"，如图 5-4-23 所示。

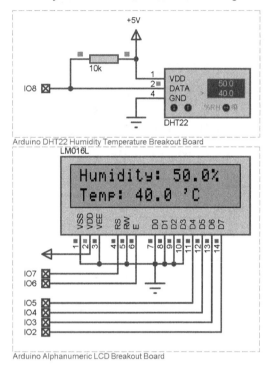

图 5-4-22　状态 4　　　　　　　　　图 5-4-23　状态 5

经仿真验证，温度、湿度传感器电路基本满足要求。

小提示

◎ 读者可以适当调节温度、湿度传感器，以便显示其他温度、湿度数值。
◎ 扫描右侧二维码可观看温度、湿度传感器电路的仿真结果。

第二部分

高级应用篇

第 6 章 电子密码锁实例

6.1 总体要求

电子密码锁整体电路由单片机最小系统电路、LCD1602 显示屏电路、键盘电路、舵机电路和声光指示电路组成。单片机最小系统电路可读取键盘的输入值，LCD1602 可将其显示出来，若输入的密码错误，可发出警告；若输入正确，则密码锁打开。具体要求如下：
1. 在程序初始化时，可以设置电子密码锁的密码。
2. 电子密码锁的默认密码为"0000"。
3. 密码输入 4 次错误时，应发出警报信息。
4. 警报信息过一段时间会自动停止。
5. 若输入的密码正确，则可打开门禁。

6.2 原理图设计

6.2.1 单片机最小系统电路

仿照 2.1.1 节新建工程，并将其命名为"home1"，工程新建完毕后，原理图中自动出现单片机最小系统电路图，如图 6-2-1 所示。

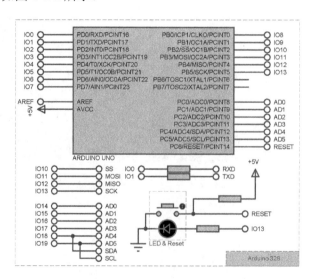

图 6-2-1 单片机最小系统电路

6.2.2　LCD1602 显示屏电路

在 Visual Designer 界面，右键单击工程树中的 ◢ 📁 ARDUINO UNO(U1) 选项，弹出子菜单。单击子菜单中的 Add Peripheral 选项，弹出"Select Peripheral"对话框，在"Peripheral Category"下拉列表中选择"Grove"，并在其子库中选择 Grove RGB LCD Module，如图 6-2-2 所示。

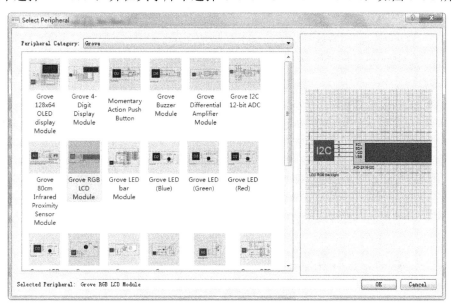

图 6-2-2　"Select Peripheral"对话框

单击"Select Peripheral"对话框中的 OK 按钮，即可将 Grove RGB LCD Module 放置在图纸上，放置完毕后，Schematic Capture 界面中的电路图如图 6-2-3 所示。LCD1602 显示屏电路通过 I2C 接口与单片机最小系统电路相连。

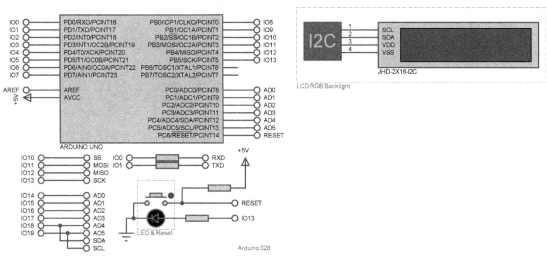

图 6-2-3　放置显示屏后的电路图

6.2.3 键盘电路

在 Visual Designer 界面，右键单击工程树中的 ARDUINO UNO(U1) 选项，弹出子菜单。单击子菜单中的 Add Peripheral 选项，弹出"Select Peripheral"对话框，在"Peripheral Category"下拉列表中选择"Breakout Peripherals"，并在其子库中选择"Arduino MCP23008 based Keypad Breakout Board"，如图 6-2-4 所示。

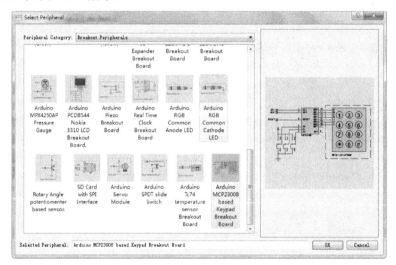

图 6-2-4 "Select Peripheral"对话框

单击"Select Peripheral"对话框中的 OK 按钮，即可将 Arduino MCP23008 based Keypad Breakout Board 放置在图纸上，放置完毕后，Schematic Capture 界面中的电路图如图 6-2-5 所示。MCP23008 中的 SCL 引脚与 Arduino 单片机的 IO19 引脚相连，SDA 引脚与 Arduino 单片机的 IO18 引脚相连。

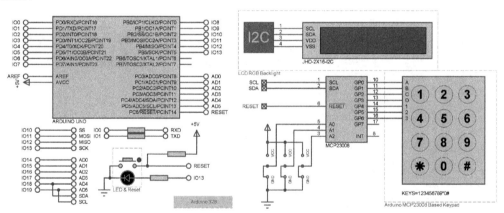

图 6-2-5 放置键盘后的电路图

6.2.4 舵机电路

在 Visual Designer 界面，右键单击工程树中的 ARDUINO UNO(U1) 选项，弹出子菜单。

第 6 章 电子密码锁实例   139

单击子菜单中的 Add Peripheral 选项，弹出"Select Peripheral"对话框，在"Peripheral Category"下拉列表中选择"Grove"，并在其子库中选择"Grove Servo Module"，如图 6-2-6 所示。

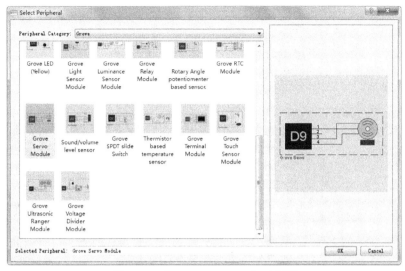

图 6-2-6　"Select Peripheral"对话框

单击"Select Peripheral"对话框中的 OK 按钮，即可将 Grove Servo Module 放置在图纸上，依照此方法放置 3 个 Grove Servo Module，放置完毕后，Schematic Capture 界面中的舵机电路如图 6-2-7 所示。

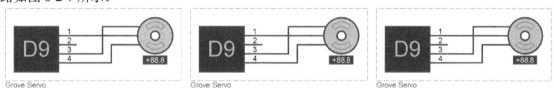

图 6-2-7　舵机电路

双击第 1 个舵机模块，弹出"Edit Component"对话框，"Connector ID"参数选择"D7"，如图 6-2-8 所示。双击第 2 个舵机模块，弹出"Edit Component"对话框，"Connector ID"参数选择"D8"，如图 6-2-9 所示。双击第 3 个舵机模块，不需更改属性，默认设置即可，修改舵机属性后的舵机电路如图 6-2-10 所示。

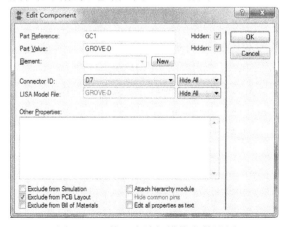

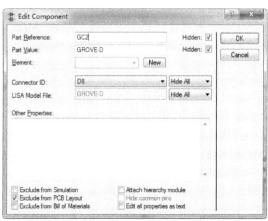

图 6-2-8　第 1 个舵机模块参数设置　　　　　图 6-2-9　第 2 个舵机模块参数设置

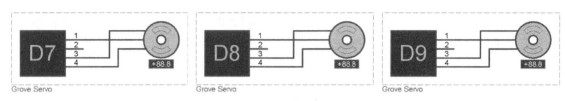

图 6-2-10　修改舵机属性后的舵机电路

放置舵机电路后的整体电路图如图 6-2-11 所示。

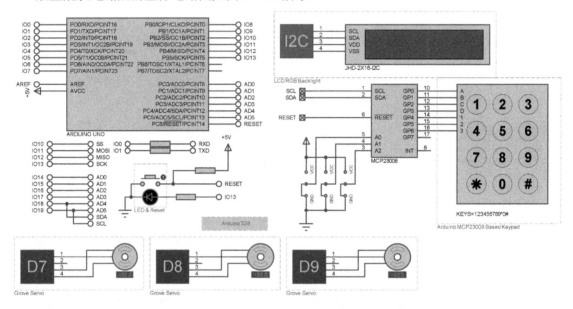

图 6-2-11　放置舵机电路后的整体电路图

6.2.5　声光指示电路

执行"Library"→"Pick parts from libraries P"命令,弹出"Pick Devices"对话框,在"Keywords"栏中输入"led",即可搜索到发光二极管,选择"LED-RED",如图 6-2-12 所示。单击"Pick Devices"对话框中的 OK 按钮,即可将红色的发光二极管放置在图纸上,其他元件依照此方法进行放置。

3 个发光二极管和 3 个电阻放置完毕后,3 个发光二极管的阳极接入+5V 电源网络,红色发光二极管的阴极与 Arduino 单片机的 IO2 相连,黄色发光二极管的阴极与 Arduino 单片机的 IO3 相连,绿色发光二极管的阴极与 Arduino 单片机的 IO4 相连,如图 6-2-13 所示。

在 Visual Designer 界面,右键单击工程树中的 ARDUINO UNO(U1) 选项,弹出子菜单。单击子菜单中的 Add Peripheral 选项,弹出"Select Peripheral"对话框,在"Peripheral Category"下拉列表中选择"Breakout Peripherals",并在其子库中选择"Arduino Buzzer Breakout Board",如图 6-2-14 所示。

第 6 章 电子密码锁实例　　*141*

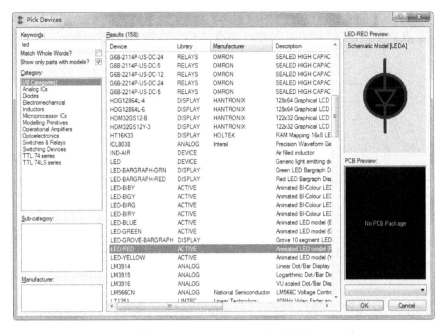

图 6-2-12 "Pick Devices" 对话框

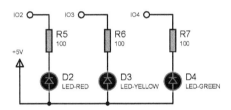

图 6-2-13 LED 电路

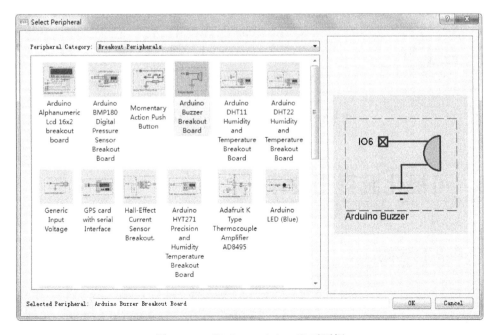

图 6-2-14 "Select Peripheral" 对话框

单击"Select Peripheral"对话框中的 OK 按钮,即可将 Arduino Buzzer Breakout Board 放置在图纸上,放置完毕后,Schematic Capture 界面中的声光指示电路如图 6-2-15 所示。

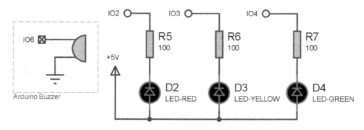

图 6-2-15 声光指示电路

至此,电子密码锁整体电路原理图设计完毕,如图 6-2-16 所示。

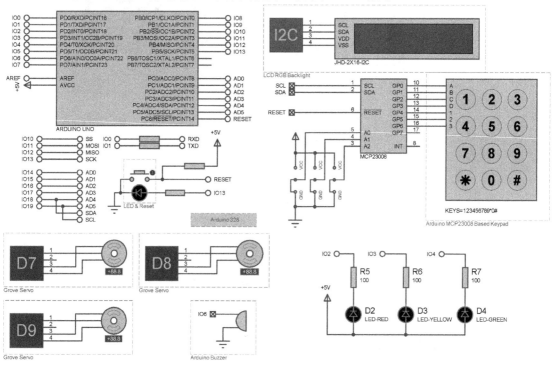

图 6-2-16 电子密码锁整体电路原理图

6.3 可视化流程图设计

6.3.1 SETUP 流程图

电子密码锁电路中的 SETUP 流程图自上至下依次放置 LCD1 中的 setPlaces 框图、3 个 CPU 中的 pinMode 框图、3 个 CPU 中的 digitalWrite 框图、Assignment Block 框图和 Subroutine Call 框图。

双击 LCD1 中的 setPlaces 框图,弹出"Edit I/O Block"对话框,在"Arguments"栏中将 Places 设置为 1。LCD1 的 setPlaces 框图全部参数设置如图 6-3-1 所示。

双击第 1 个 pinMode 框图,弹出"Edit I/O Block"对话框,在"Arguments"栏中将 Pin 设置为 2,Mode 设置为 OUTPUT。第 1 个 pinMode 框图全部参数设置如图 6-3-2 所示。

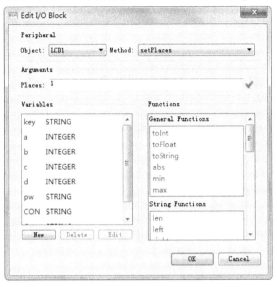
图 6-3-1　设置 setPlaces 框图参数

图 6-3-2　设置第 1 个 pinMode 框图参数

双击第 2 个 pinMode 框图,弹出"Edit I/O Block"对话框,在"Arguments"栏中将 Pin 设置为 3,Mode 设置为 OUTPUT。第 2 个 pinMode 框图全部参数设置如图 6-3-3 所示。

双击第 3 个 pinMode 框图,弹出"Edit I/O Block"对话框,在"Arguments"栏中将 Pin 设置为 4,Mode 设置为 OUTPUT。第 3 个 pinMode 框图全部参数设置如图 6-3-4 所示。

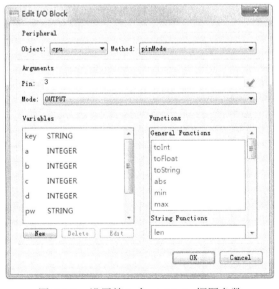
图 6-3-3　设置第 2 个 pinMode 框图参数

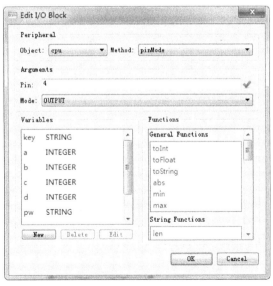
图 6-3-4　设置第 3 个 pinMode 框图参数

双击第 1 个 digitalWrite 框图,弹出"Edit I/O Block"对话框,在"Arguments"栏中将 Pin 设置为 2,State 设置为 FALSE。第 1 个 digitalWrite 框图全部参数设置如图 6-3-5 所示。

双击第 2 个 digitalWrite 框图，弹出"Edit I/O Block"对话框，在"Arguments"栏中将 Pin 设置为 3，State 设置为 FALSE。第 2 个 digitalWrite 框图全部参数设置如图 6-3-6 所示。

图 6-3-5　设置第 1 个 digitalWrite 框图参数

图 6-3-6　设置第 2 个 digitalWrite 框图参数

双击第 3 个 digitalWrite 框图，弹出"Edit I/O Block"对话框，在"Arguments"栏中将 Pin 设置为 4，State 设置为 FALSE。第 3 个 digitalWrite 框图全部参数设置如图 6-3-7 所示。

双击 Assignment Block 框图，弹出"Edit Assignment Block"对话框，在"Variables"栏新建变量 Open、CON、pw、CON 和 key，格式类型均为 STRING；新建变量 a、b、c 和 d，格式类型均为 INTEGER。在"Assignments"栏为变量赋初值，设置 a=0，b=0，c=0，d=0，pw="0000"，CON= "*"。Assignment Block 框图全部参数设置如图 6-3-8 所示。

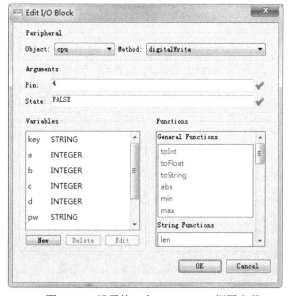

图 6-3-7　设置第 3 个 digitalWrite 框图参数

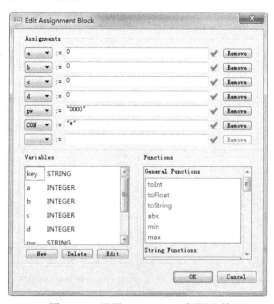

图 6-3-8　设置 Assignment 框图参数

双击 Subroutine Call 框图，弹出"Edit Subroutine Call"对话框，在"Subroutine to Call"栏中将 Sheet 设置为（all），Method 设置为 setPWfour，如图 6-3-9 所示。

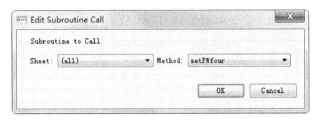

图 6-3-9 设置 Subroutine Call 框图参数

setPWfour 子函数流程图从上至下依次放置 LCD1 中的 setCursor 框图、LCD1 中的 print 框图、LCD1 中的 display 框图、Assignment Block 框图、For 循环框图、KEYPAD1 中的 waitPress 框图、KEYPAD1 中的 getKey 框图、KEYPAD1 中的 waitRelease 框图、Assignment Block 框图、LCD1 中的 setCursor 框图、LCD1 中的 print 框图、LCD1 中的 display 框图、LCD1 中的 setCursor 框图、LCD1 中的 print 框图、LCD1 中的 display 框图、KEYPAD1 中的 waitPress 框图、KEYPAD1 中的 getKey 框图、KEYPAD1 中的 waitRelease 框图、Decision Block 框图、LCD1 中的 clear 框图（Decision Block 框图的 YES 分支）、LCD1 中的 setCursor 框图（Decision Block 框图的 YES 分支）、LCD1 中的 print 框图（Decision Block 框图的 YES 分支）、LCD1 中的 display 框图（Decision Block 框图的 YES 分支）、LCD1 中的 clear 框图（Decision Block 框图的 NO 分支）、Assignment Block 框图（Decision Block 框图的 NO 分支）、LCD1 中的 setCursor 框图（Decision Block 框图的 NO 分支）、LCD1 中的 print 框图（Decision Block 框图的 NO 分支）、LCD1 中的 display 框图（Decision Block 框图的 NO 分支）、Time Delay 框图和 LCD1 中的 clear 框图。

双击 setCursor 框图，弹出 "Edit I/O Block" 对话框，在 "Arguments" 栏中将 Col 设置为 0，Row 设置为 0。第 1 个 setCursor 框图全部参数设置如图 6-3-10 所示。

双击 print 框图，弹出 "Edit I/O Block" 对话框，在 "Arguments" 栏中输入"Set Password"。print 框图全部参数设置如图 6-3-11 所示。

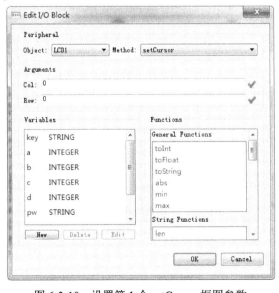
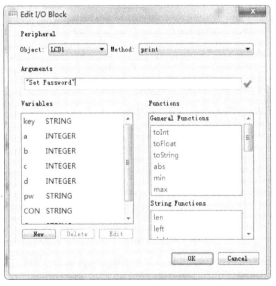

图 6-3-10 设置第 1 个 setCursor 框图参数　　　　图 6-3-11 设置 print 框图参数

双击 display 框图，弹出 "Edit I/O Block" 对话框，所有参数选择默认设置，如图 6-3-12 所示。双击 Assignment Block 框图，弹出 "Edit Assignment Block" 对话框，在 "Assignments" 栏

为变量赋值，设置 pw=" "。第 1 个 Assignment Block 框图全部参数设置如图 6-3-13 所示。

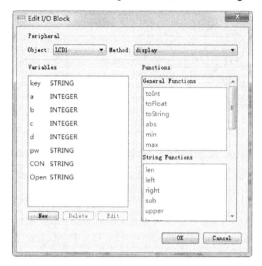

图 6-3-12　设置 display 框图参数

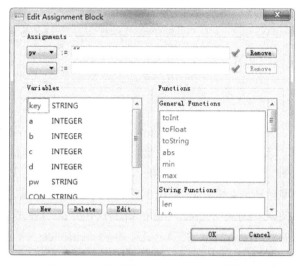

图 6-3-13　设置第 1 个 Assignment 框图参数

双击 For 循环框图，弹出"Edit Loop"对话框，在"For-Next Loop"选项卡中将 Loop Variable 设置为 a，Start Value 设置为 0，Stop Value 设置为 3，Step Value 设置为 1，如图 6-3-14 所示。

双击 waitPress 框图，弹出"Edit I/O Block"对话框，所有参数选择默认设置，如图 6-3-15 所示。

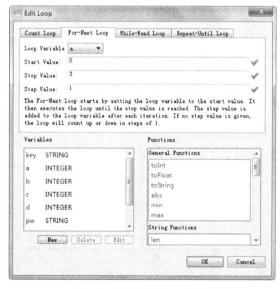

图 6-3-14　设置 Loop 框图参数

图 6-3-15　设置 waitPress 框图参数

双击 getKey 框图，弹出"Edit I/O Block"对话框，在"Arguments"栏中将 Wait 设置为 FALSE，在 Results 栏中设置 Key=>key。getKey 框图全部参数设置如图 6-3-16 所示。

双击 waitRelease 框图，弹出"Edit I/O Block"对话框，所有参数选择默认设置，如图 6-3-17 所示。

双击 Assignment Block 框图，弹出"Edit Assignment Block"对话框，在"Assignments"栏为变量赋值，设置 pw=pw+key。第 2 个 Assignment Block 框图全部参数设置如图 6-3-18 所示。

图 6-3-16　设置 getKey 框图参数　　　图 6-3-17　设置 waitRelease 框图参数

双击 setCursor 框图，弹出"Edit I/O Block"对话框，在"Arguments"栏中将 Col 设置为 0，Row 设置为 1。第 2 个 setCursor 框图全部参数设置如图 6-3-19 所示。

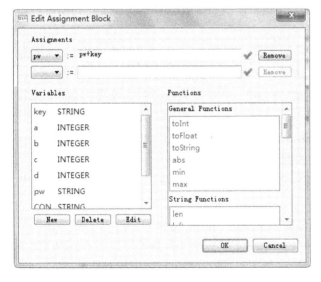 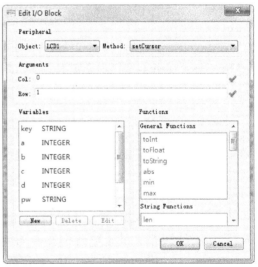

图 6-3-18　设置第 2 个 Assignment 框图参数　　　图 6-3-19　设置第 2 个 setCursor 框图参数

双击 print 框图，弹出"Edit I/O Block"对话框，在"Arguments"栏中输入"PW:",pw,"?"。print 框图全部参数设置如图 6-3-20 所示。

双击 display 框图，弹出"Edit I/O Block"对话框，所有参数选择默认设置，如图 6-3-12 所示。

双击 setCursor 框图，弹出"Edit I/O Block"对话框，在"Arguments"栏中将 Col 设置为 0，Row 设置为 0。setCursor 框图全部参数设置如图 6-3-10 所示。

双击 print 框图，弹出"Edit I/O Block"对话框，在"Arguments"栏中输入"Con Password"。print 框图全部参数设置如图 6-3-21 所示。

图 6-3-20　设置 print 框图参数（密码提示）

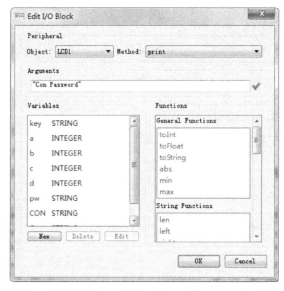
图 6-3-21　设置 print 框图参数（密码确认）

双击 display 框图，弹出"Edit I/O Block"对话框，所有参数选择默认设置，如图 6-3-12 所示。

双击 waitPress 框图，弹出"Edit I/O Block"对话框，所有参数选择默认设置，如图 6-3-15 所示。

双击 getKey 框图，弹出"Edit I/O Block"对话框，在"Arguments"栏中将 Wait 设置为 FALSE，在"Results"栏中设置 Key=>CON。getKey 框图全部参数设置如图 6-3-16 所示。

双击 waitRelease 框图，弹出"Edit I/O Block"对话框，所有参数选择默认设置，如图 6-3-17 所示。

双击 Decision Block 框图，弹出"Edit Decision Block"对话框，在"Condition"栏设置 CON=="*"。Decision Block 框图全部参数设置如图 6-3-22 所示。

双击 clear 框图（Decision Block 框图的 YES 分支），弹出"Edit I/O Block"对话框，所有参数选择默认设置，如图 6-3-23 所示。

双击 setCursor 框图（Decision Block 框图的 YES 分支），弹出"Edit I/O Block"对话框，在 "Arguments"栏中将 Col 设置为 0，Row 设置为 1。setCursor 框图全部参数设置如图 6-3-19 所示。

双击 print 框图（Decision Block 框图的 YES 分支），弹出"Edit I/O Block"对话框，在 "Arguments"栏中输入"PW:",pw。print 框图全部参数设置如图 6-3-24 所示。

双击 display 框图（Decision Block 框图的 YES 分支），弹出"Edit I/O Block"对话框，所有参数选择默认设置，如图 6-3-12 所示。

双击 clear 框图（Decision Block 框图的 NO 分支），弹出"Edit I/O Block"对话框，所有参数选择默认设置，如图 6-3-23 所示。

双击 Assignment Block 框图（Decision Block 框图的 NO 分支），弹出"Edit Assignment Block"对话框，在 Assignments 栏为变量赋值，设置 pw="0000"。第 3 个 Assignment Block 框图全部参数设置如图 6-3-25 所示。

双击 setCursor 框图（Decision Block 框图的 NO 分支），弹出"Edit I/O Block"对话框，在 "Argument"栏中将 Col 设置为 0，Row 设置为 1。setCursor 框图全部参数设置如图 6-3-19 所示。

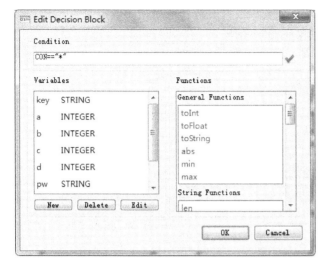

图 6-3-22 设置 Decision Block 框图参数

图 6-3-23 设置 clear 框图参数

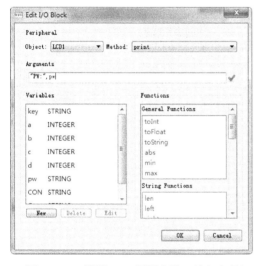

图 6-3-24 设置 print 框图参数（输入密码）

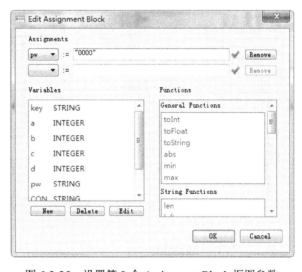

图 6-3-25 设置第 3 个 Assignment Block 框图参数

双击 print 框图（Decision Block 框图的 NO 分支），弹出"Edit I/O Block"对话框，在"Arguments"栏中输入"PW:",pw。print 框图全部参数设置如图 6-3-24 所示。

双击 display 框图（Decision Block 框图的 NO 分支），弹出"Edit I/O Block"对话框，所有参数选择默认设置，如图 6-3-12 所示。

双击 Time Delay 框图，弹出"Edit Delay Block"对话框，在"Delay"栏中输入 5000。Time Delay 框图全部参数设置如图 6-3-26 所示。

双击 clear 框图，弹出"Edit I/O Block"对话框，所有参数选择默认设置，如图 6-3-23 所示。

图 6-3-26 设置 Time Delay 框图参数

至此,SETUP 流程图设计完毕,如图 6-3-27 所示。SETUP 流程图用来实现定义 Arduino 单片机引脚、设置变量并为其赋初值和设置电子密码锁等功能。

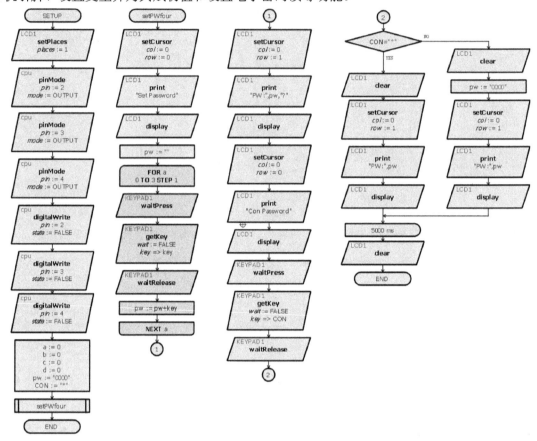

图 6-3-27　SETUP 流程图

6.3.2　LOOP 流程图

电子密码锁电路中的 LOOP 流程图自上至下依次放置 For 循环框图、Subroutine Call 框图、Decision Block 框图、Assignment Block 框图（Decision Block 框图的 YES 分支）、Subroutine Call 框图（Decision Block 框图的 NO 分支）、Time Delay 框图、M1 中的 write 框图、M2 中的 write 框图、M3 中的 write 框图和 3 个 CPU 中的 digitalWrite 框图。

双击 For 循环框图,弹出"Edit Loop"对话框,将 Loop Variable 设置为 c,Start Value 设置为 0,Stop Value 设置为 3,Step Value 设置为 1,如图 6-3-28 所示。

双击 Subroutine Call 框图,弹出"Edit Subroutine Call"对话框,在"Subroutine to Call"栏中将 Sheet 设置为（all）,Method 设置为 OpenDoor,如图 6-3-29 所示。

双击 Decision Block 框图,弹出"Edit Decision Block"对话框,在"Condition"栏中设置 Open==pw。Decision Block 框图全部参数设置如图 6-3-30 所示。

双击 Assignment Block 框图（Decision Block 框图的 YES 分支）,弹出"Edit Assignment Block"对话框,在"Assignments"栏为变量赋值,设置 b=0。Assignment Block 框图全部参数设置如图 6-3-31 所示。

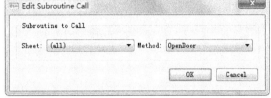

图 6-3-28　设置 Loop 框图参数　　　　图 6-3-29　设置 Subroutine Call 框图参数

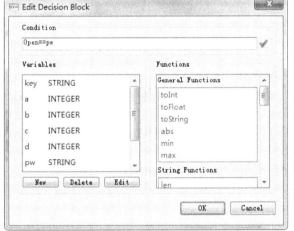
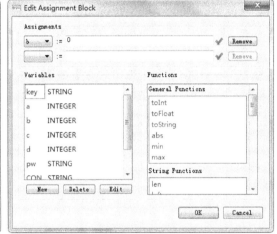

图 6-3-30　设置 Decision Block 框图参数　　图 6-3-31　设置 Assignment Block 框图参数

双击 Subroutine Call 框图（Decision Block 框图的 NO 分支），弹出"Edit Subroutine Call"对话框，在"Subroutine to Call"栏中将 Sheet 设置为（all），Method 设置为 Warning，如图 6-3-32 所示。For 循环框图的 NEXT c 也在 Decision Block 框图的 NO 分支中。

图 6-3-32　设置 Subroutine Call 框图参数（Warning）

双击 Time Delay 框图，弹出"Edit Delay Block"对话框，在"Delay"栏中输入 10。Time Delay 框图全部参数设置如图 6-3-33 所示。

双击 M1 中的 write 框图，弹出"Edit I/O Block"对话框，在"Assignments"栏中将 Angle

设置为 30。write 框图全部参数设置如图 6-3-34 所示。

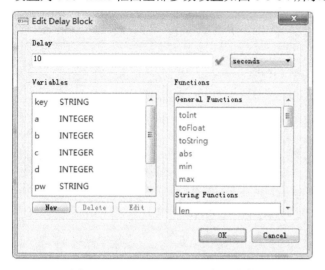

图 6-3-33　设置 Time Delay 框图参数

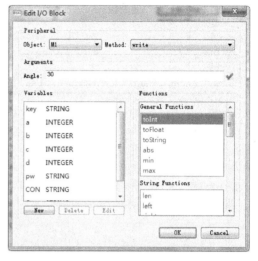

图 6-3-34　设置 write 框图参数（M1）

双击 M2 中的 write 框图，弹出"Edit I/O Block"对话框，在"Assignments"栏中将 Angle 设置为 30。write 框图全部参数设置如图 6-3-35 所示。

双击 M3 中的 write 框图，弹出"Edit I/O Block"对话框，在"Assignments"栏中将 Angle 设置为 30。write 框图全部参数设置如图 6-3-36 所示。

图 6-3-35　设置 write 框图参数（M2）

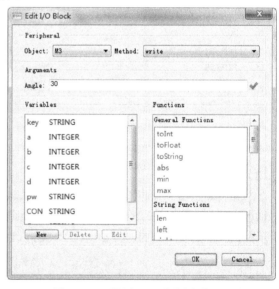

图 6-3-36　设置 write 框图参数（M3）

双击第 1 个 digitalWrite 框图，弹出"Edit I/O Block"对话框，在"Arguments"栏中将 Pin 设置为 2，State 设置为 TRUE。第 1 个 digitalWrite 框图全部参数设置如图 6-3-37 所示。

双击第 2 个 digitalWrite 框图，弹出"Edit I/O Block"对话框，在"Arguments"栏中将 Pin 设置为 3，State 设置为 FALSE。第 2 个 digitalWrite 框图全部参数设置如图 6-3-38 所示。

双击第 3 个 digitalWrite 框图，弹出"Edit I/O Block"对话框，在"Arguments"栏中将 Pin 设置为 4，State 设置为 TRUE。第 3 个 digitalWrite 框图全部参数设置如图 6-3-39 所示。

第 6 章 电子密码锁实例

图 6-3-37 设置第 1 个 digitalWrite 框图参数

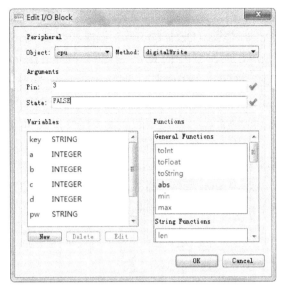

图 6-3-38 设置第 2 个 digitalWrite 框图参数

至此，LOOP 子函数流程图已经设计完成，如图 6-3-40 所示。下面将介绍 OpenDoor 子函数流程图和 Warning 子函数流程图。

图 6-3-39 设置第 3 个 digitalWrite 框图参数

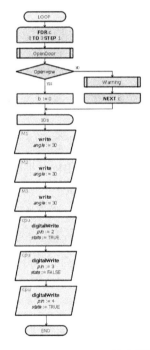

图 6-3-40 LOOP 子函数流程图

OpenDoor 子函数流程图自上至下依次放置 LCD1 中的 setCursor 框图、LCD1 中的 print 框图、Assignment Block 框图、LCD1 中的 display 框图、LCD1 中的 setCursor 框图、For 循环框图、KEYPAD1 中的 waitPress 框图、KEYPAD1 中的 getKey 框图、KEYPAD1 中的 waitRelease 框图、LCD1 中的 print 框图、Decision Block 框图、M1 中的 write 框图（Decision Block 框图的 YES 分支）、M2 中的 write 框图（Decision Block 框图的 YES 分支）、M3 中的 write 框图（Decision Block

框图的 YES 分支）、3 个 CPU 中 digitalWrite 框图（Decision Block 框图的 YES 分支）、LCD1 中的 clear 框图（Decision Block 框图的 YES 分支）、LCD1 中的 print 框图（Decision Block 框图的 YES 分支）、M1 中的 write 框图（Decision Block 框图的 NO 分支）、M2 中的 write 框图（Decision Block 框图的 NO 分支）、M3 中的 write 框图（Decision Block 框图的 NO 分支）、3 个 CPU 中 digitalWrite 框图（Decision Block 框图的 NO 分支）、LCD1 中的 clear 框图（Decision Block 框图的 NO 分支）、LCD1 中的 print 框图（Decision Block 框图的 NO 分支）和 Time Delay 框图。

双击 setCursor 框图，弹出"Edit I/O Block"对话框，在"Arguments"栏中将 Col 设置为 0，Row 设置为 0。第 1 个 setCursor 框图全部参数设置如图 6-3-41 所示。

双击 print 框图，弹出"Edit I/O Block"对话框，在"Arguments"栏中输入"Welcome back"。第 1 个 print 框图全部参数设置如图 6-3-42 所示。

图 6-3-41　设置第 1 个 setCursor 框图参数

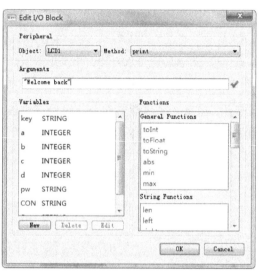

图 6-3-42　设置第 1 个 print 框图参数

双击 Assignment Block 框图，弹出"Edit Assignment Block"对话框，在"Assignments"栏为变量赋值，设置 Open=" "。第 1 个 Assignment Block 框图全部参数设置如图 6-3-43 所示。

双击 display 框图，弹出"Edit I/O Block"对话框，所有参数选择默认设置，如图 6-3-44 所示。

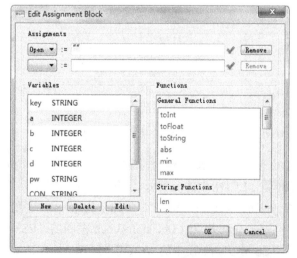

图 6-3-43　第 1 个设置 Assignment Block 框图参数

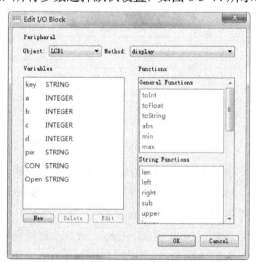

图 6-3-44　设置 display 框图参数

双击 setCursor 框图，弹出"Edit I/O Block"对话框，在"Arguments"栏中将 Col 设置为 0，Row 设置为 1。第 2 个 setCursor 框图全部参数设置如图 6-3-45 所示。

双击 For 循环框图，弹出"Edit Loop"对话框，在"For-Next Loop"选项卡中将 Loop Variable 设置为 a，Start Value 设置为 0，Stop Value 设置为 3，Step Value 设置为 1，如图 6-3-46 所示。

图 6-3-45　设置第 2 个 setCursor 框图参数

图 6-3-46　设置 Loop 框图参数

双击 waitPress 框图，弹出"Edit I/O Block"对话框，所有参数选择默认设置，如图 6-3-47 所示。

双击 getKey 框图，弹出"Edit I/O Block"对话框，在"Arguments"栏中将 Wait 设置为 FALSE，在"Results"栏中设置 Key=>key。getKey 框图全部参数设置如图 6-3-48 所示。

图 6-3-47　设置 waitPress 框图参数

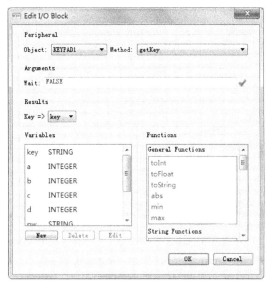

图 6-3-48　设置 getKey 框图参数

双击 waitRelease 框图，弹出"Edit I/O Block"对话框，所有参数选择默认设置，如图 6-3-49 所示。

双击 Assignment Block 框图，弹出"Edit Assignment Block"对话框，在"Assignments"栏为变量赋值，设置 Open=Open+key。第 2 个 Assignment Block 框图全部参数设置如图 6-3-50 所示。

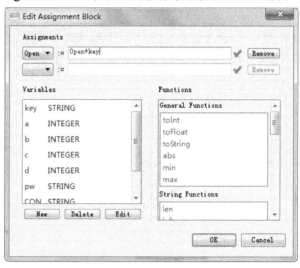

图 6-3-49　设置 waitRelease 框图参数　　　图 6-3-50　设置第 2 个 Assignment Block 框图参数

双击 print 框图，弹出"Edit I/O Block"对话框，在"Arguments"栏中输入"X"。第 2 个 print 框图全部参数设置如图 6-3-51 所示。

双击 Decision Block 框图，弹出"Edit Decision Block"对话框，在"Condition"栏设置 Open==pw。Decision Block 框图全部参数设置如图 6-3-52 所示。

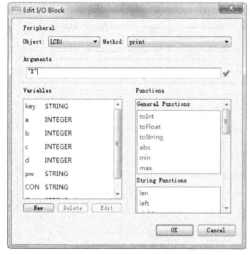

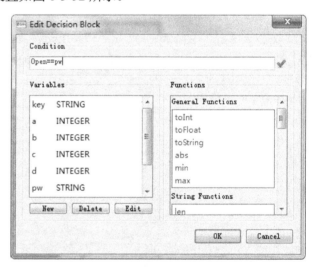

图 6-3-51　设置第 2 个 print 框图参数　　　图 6-3-52　设置 Decision Block 框图参数

双击 M1 中的 write 框图（Decision Block 框图的 YES 分支），弹出"Edit I/O Block"对话框，在"Assignments"栏中将 Angle 设置为 150。write 框图全部参数设置如图 6-3-53 所示。

双击 M2 中的 write 框图（Decision Block 框图的 YES 分支），弹出"Edit I/O Block"对话框，在"Assignments"栏中将 Angle 设置为 150。write 框图全部参数设置如图 6-3-54 所示。

双击 M3 中的 write 框图（Decision Block 框图的 YES 分支），弹出"Edit I/O Block"对话框，在"Assignments"栏中将 Angle 设置为 150。write 框图全部参数设置如图 6-3-55 所示。

第 6 章 电子密码锁实例 157

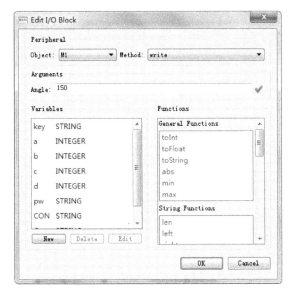

图 6-3-53 设置 write 框图参数（M1）

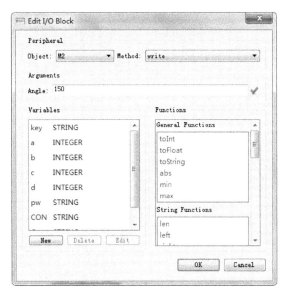

图 6-3-54 设置 write 框图参数（M2）

双击第 1 个 digitalWrite 框图（Decision Block 框图的 YES 分支），弹出"Edit I/O Block"对话框，在"Arguments"栏中将 Pin 设置为 2，State 设置为 TRUE。第 1 个 digitalWrite 框图全部参数设置如图 6-3-56 所示。

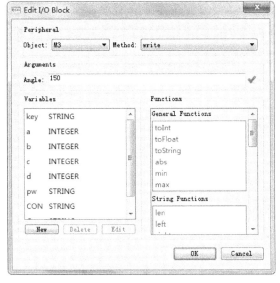

图 6-3-55 设置 write 框图参数（M3）

图 6-3-56 设置第 1 个 digitalWrite 框图参数

双击第 2 个 digitalWrite 框图（Decision Block 框图的 YES 分支），弹出"Edit I/O Block"对话框，在"Arguments"栏中将 Pin 设置为 3，State 设置为 TRUE。第 2 个 digitalWrite 框图全部参数设置如图 6-3-57 所示。

双击第 3 个 digitalWrite 框图（Decision Block 框图的 YES 分支），弹出"Edit I/O Block"对话框，在"Arguments"栏中将 Pin 设置为 4，State 设置为 FALSE。第 3 个 digitalWrite 框图全部参数设置如图 6-3-58 所示。

图 6-3-57　设置第 2 个 digitalWrite 框图参数

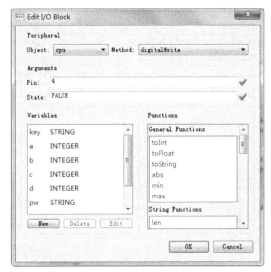

图 6-3-58　设置第 3 个 digitalWrite 框图参数

双击 clear 框图（Decision Block 框图的 YES 分支），弹出"Edit I/O Block"对话框，所有参数选择默认设置，如图 6-3-59 所示。

双击 print 框图（Decision Block 框图的 YES 分支），弹出"Edit I/O Block"对话框，在"Arguments"栏中输入"Open"。第 3 个 print 框图全部参数设置如图 6-3-60 所示。

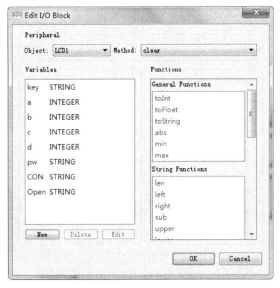

图 6-3-59　设置 clear 框图参数

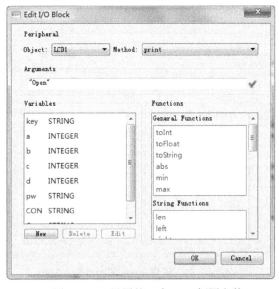

图 6-3-60　设置第 3 个 print 框图参数

双击 M1 中的 write 框图（Decision Block 框图的 NO 分支），弹出"Edit I/O Block"对话框，在"Assignments"栏中将 Angle 设置为 30。write 框图全部参数设置如图 6-3-61 所示。

双击 M2 中的 write 框图（Decision Block 框图的 NO 分支），弹出"Edit I/O Block"对话框，在"Assignments"栏中将 Angle 设置为 30。write 框图全部参数设置如图 6-3-62 所示。

双击 M3 中的 write 框图（Decision Block 框图的 NO 分支），弹出"Edit I/O Block"对话框，在"Assignments"栏中将 Angle 设置为 30。write 框图全部参数设置如图 6-3-63 所示。

 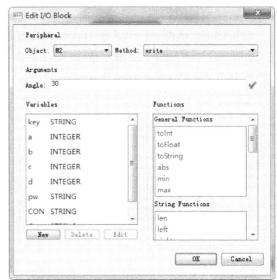

图 6-3-61　设置 write 框图参数（M1）　　　　图 6-3-62　设置 write 框图参数（M2）

双击第 1 个 digitalWrite 框图（Decision Block 框图的 NO 分支），弹出"Edit I/O Block"对话框，在"Arguments"栏中将 Pin 设置为 2，State 设置为 TRUE。第 1 个 digitalWrite 框图全部参数设置如图 6-3-56 所示。

双击第 2 个 digitalWrite 框图（Decision Block 框图的 NO 分支），弹出"Edit I/O Block"对话框，在"Arguments"栏中将 Pin 设置为 3，State 设置为 FALSE。第 2 个 digitalWrite 框图全部参数设置如图 6-3-64 所示。

图 6-3-63　设置 write 框图参数（M3）　　　　图 6-3-64　设置第 2 个 digitalWrite 框图参数

双击第 3 个 digitalWrite 框图（Decision Block 框图的 NO 分支），弹出"Edit I/O Block"对话框，在"Arguments"栏中将 Pin 设置为 4，State 设置为 TRUE。第 3 个 digitalWrite 框图全部参数设置如图 6-3-65 所示。

双击 clear 框图（Decision Block 框图的 NO 分支），弹出"Edit I/O Block"对话框，所有参

数选择默认设置，如图 6-3-59 所示。

双击 print 框图（Decision Block 框图的 NO 分支），弹出"Edit I/O Block"对话框，在"Arguments"栏中输入"Error"。print 框图全部参数设置如图 6-3-66 所示。

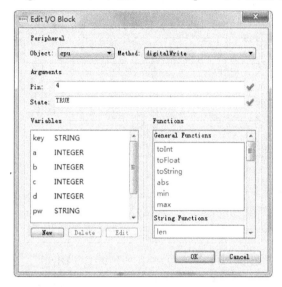
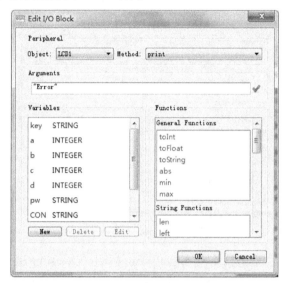

图 6-3-65　设置第 3 个 digitalWrite 框图参数　　　图 6-3-66　设置 print 框图参数（4）

双击 Time Delay 框图，弹出"Edit Delay Block"对话框，在"Delay"栏中输入 3000。Time Delay 框图全部参数设置如图 6-3-67 所示。

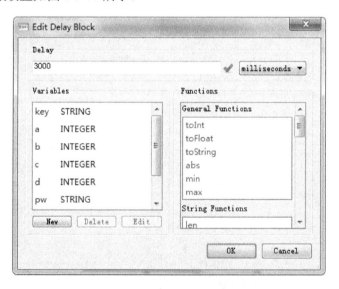

图 6-3-67　设置 Time Delay 框图参数

至此，OpenDoor 子函数流程图全部设计完成，如图 6-3-68 所示，主要实现两项功能：一是若输入正确密码，则打开门锁；二是若连续 4 次输入错误密码，则发出警报信息。

Warning 子函数流程图自上至下依次放置 Assignment Block 框图、Decision Block 框图（NO 分支中没有任何框图）、LCD1 中的 clear 框图、LCD1 中的 setCursor 框图、LCD1 中的 print 框图、3 个 CPU 中 digitalWrite 框图、BUZ1 中的 on 框图、Time Delay 框图和 BUZ1 中的 off 框图。

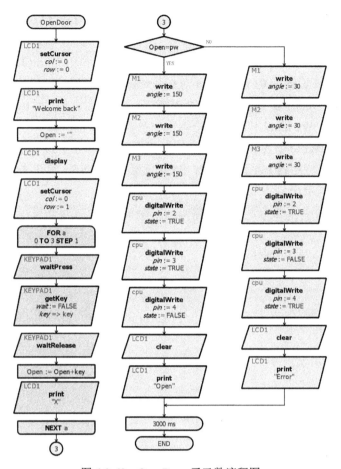

图 6-3-68　OpenDoor 子函数流程图

双击 Assignment Block 框图，弹出"Edit Assignment Block"对话框，在"Assignments"栏为变量赋值，设置 b=b+1。Assignment Block 框图全部参数设置如图 6-3-69 所示。

双击 Decision Block 框图，弹出"Edit Decision Block"对话框，在"Condition"栏设置 b>=4。Decision Block 框图全部参数设置如图 6-3-70 所示。

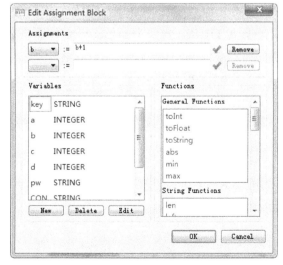

图 6-3-69　设置 Assignment Block 框图参数

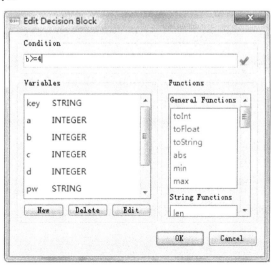

图 6-3-70　设置 Decision Block 框图参数

双击 clear 框图（Decision Block 框图的 YES 分支），弹出"Edit I/O Block"对话框，所有参数选择默认设置，如图 6-3-59 所示。

双击 setCursor 框图（Decision Block 框图的 YES 分支），弹出"Edit I/O Block"对话框，在"Arguments"栏中将 Col 设置为 0，Row 设置为 0。setCursor 框图全部参数设置如图 6-3-41 所示。

双击 print 框图（Decision Block 框图的 YES 分支），弹出"Edit I/O Block"对话框，在"Arguments"栏中输入"Warning!!!"。print 框图全部参数设置如图 6-3-71 所示。

双击第 1 个 digitalWrite 框图（Decision Block 框图的 YES 分支），弹出"Edit I/O Block"对话框，在"Arguments"栏中将 Pin 设置为 2，State 设置为 FALSE。第 1 个 digitalWrite 框图全部参数设置如图 6-3-72 所示。

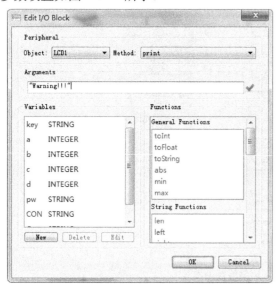 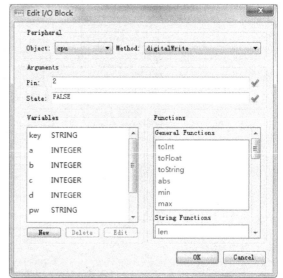

图 6-3-71　设置 print 框图参数　　　　图 6-3-72　设置第 1 个 digitalWrite 框图参数

双击第 2 个 digitalWrite 框图（Decision Block 框图的 YES 分支），弹出"Edit I/O Block"对话框，在"Arguments"栏中将 Pin 设置为 3，State 设置为 FALSE。第 2 个 digitalWrite 框图全部参数设置如图 6-3-64 所示。

双击第 3 个 digitalWrite 框图（Decision Block 框图的 YES 分支），弹出"Edit I/O Block"对话框，在"Arguments"栏中将 Pin 设置为 4，State 设置为 TRUE。第 3 个 digitalWrite 框图全部参数设置如图 6-3-65 所示。

双击 on 框图（Decision Block 框图的 YES 分支），弹出"Edit I/O Block"对话框，所有参数选择默认设置，如图 6-3-73 所示。

双击 Time Delay 框图，弹出"Edit Delay Block"对话框，在"Delay"栏中输入 10。Time Delay 框图全部参数设置如图 6-3-74 所示。

双击 off 框图，弹出"Edit I/O Block"对话框，所有参数选择默认设置，如图 6-3-75 所示。

至此，Warning 子函数流程图全部设计完成，如图 6-3-76 所示，主要功能是发出警报信息。LOOP 流程图设计完毕，如图 6-3-77 所示。

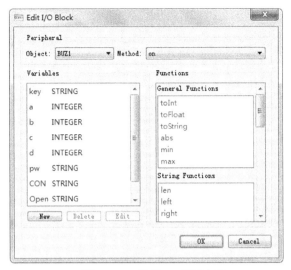

图 6-3-73 设置 on 框图参数

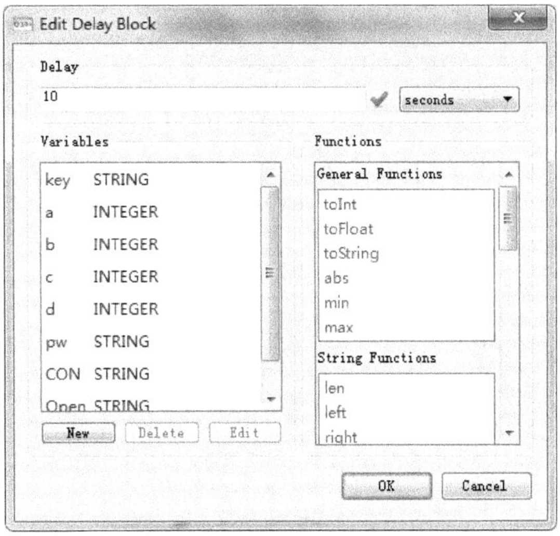

图 6-3-74 设置 Time Delay 框图参数

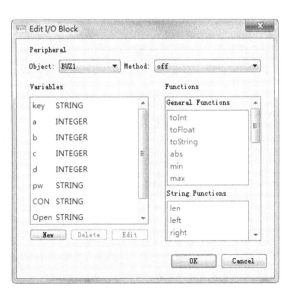

图 6-3-75 设置 off 框图参数

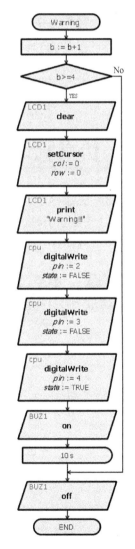

图 6-3-76 Warning 子函数流程图

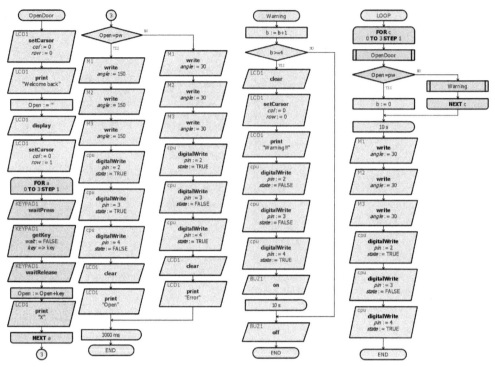

图 6-3-77 LOOP 流程图

6.4 仿真验证

在 Proteus 主菜单中，执行 Debug → Run Simulation 命令，运行仿真，切换至 Schematic Capture 界面，初始状态时，3 个发光二极管均亮起，3 个舵机均处于 0°位置，LCD1602 显示"Set Password"，如图 6-4-1 所示，等待用户输入新密码。

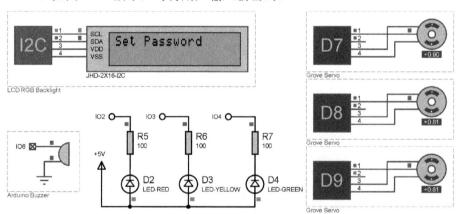

图 6-4-1 初始状态

依次单击键盘电路中的"1"按键、"2"按键、"3"按键和"4"按键，为电子密码锁设置密码。此时，3 个发光二极管均亮起，3 个舵机均处于 0°位置，LCD1602 第一行显示"Con Password"，LCD1602 第二行显示"1234？"，如图 6-4-2 所示，等待用户确认输入的新密码。

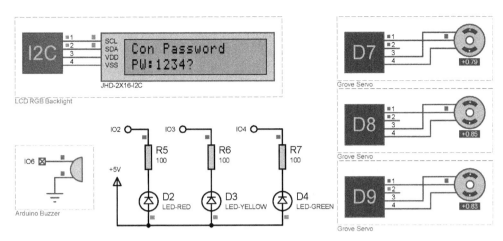

图 6-4-2　等待用户确认新密码

单击键盘电路中的"*"按键,确认设置的新密码。此时,3 个发光二极管均亮起,3 个舵机均处于 0°位置,LCD1602 第二行显示"PW:1234",如图 6-4-3 所示。

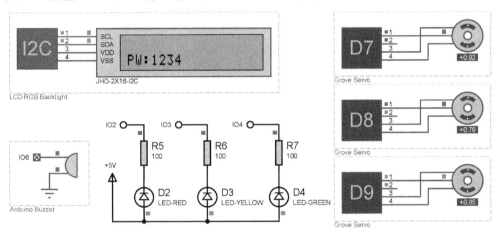

图 6-4-3　确认新密码

5 秒之后,电子密码锁进入工作状态,3 个发光二极管均亮起,3 个舵机均处于 0°位置,LCD1602 第一行显示"Welcome back",如图 6-4-4 所示。

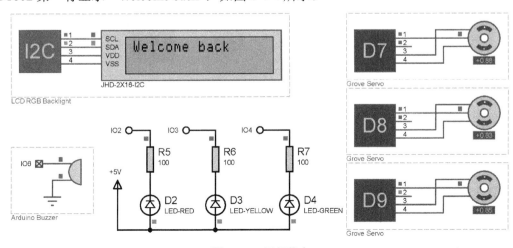

图 6-4-4　运行状态

依次单击键盘电路中的"1"按键、"2"按键、"3"按键和"4"按键,为电子密码锁输入密码。此时,只有绿色发光二极管亮起,其他两个发光二极管均处于熄灭的状态,3个舵机均处于60°位置,LCD1602第一行显示"Open",如图6-4-5所示,代表输入正确密码后,电子密码锁已经打开。

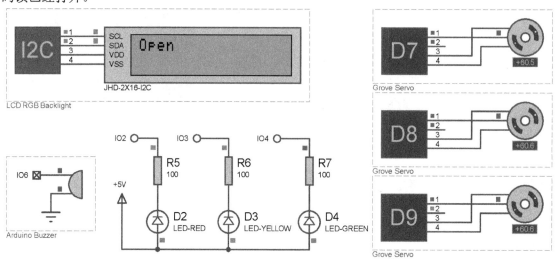

图 6-4-5　密码锁打开状态

10秒之后,电子密码锁再次进入工作状态,只有黄色发光二极管亮起,其他两个发光二极管处于熄灭的状态,3个舵机均处于-60°位置,LCD1602第一行显示"Welcome back",如图6-4-6所示。

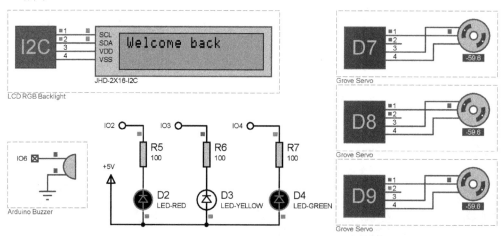

图 6-4-6　运行状态

随机单击键盘电路中的按键,模拟输入4次错误密码。当输入第1次错误密码时,只有黄色发光二极管亮起,其他两个发光二极管处于熄灭的状态,3个舵机均处于-60°位置,LCD1602第一行显示"Error",如图6-4-7所示。当输入第4次错误密码时,只有绿色发光二极管亮起,其他两个发光二极管处于熄灭的状态,3个舵机均处于-60°位置,LCD1602第一行显示"Warning!!!",蜂鸣器响起,起到一定的警示作用,如图6-4-8所示。

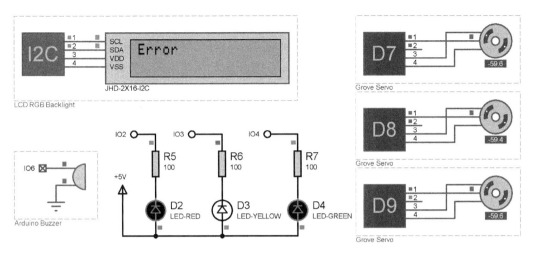

图 6-4-7 输入第 1 次错误密码时

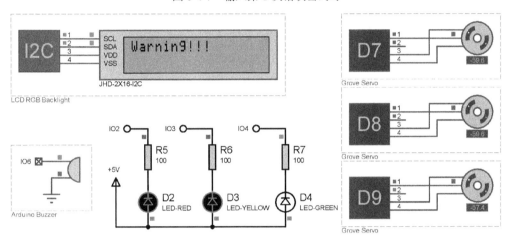

图 6-4-8 输入第 4 次错误密码时

10 秒之后，蜂鸣器停止声响，黄色发光二极管亮起，其他两个发光二极管处于熄灭的状态，3 个舵机均处于-60°位置，LCD1602 第一行显示"Welcome back"，电子密码锁再次进入运行状态，如图 6-4-9 所示。

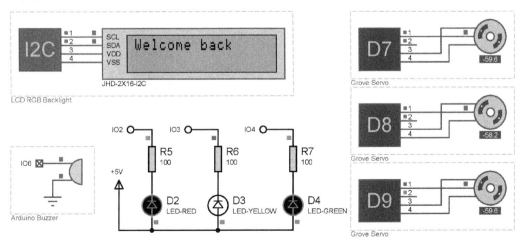

图 6-4-9 再次进入运行状态

同时，本实例中为电子密码锁设置了初始密码为 0000。单击 Arduino 单片机最小系统电路中的复位按键，使电子密码锁进入密码设置状态，3 个发光二极管均亮起，3 个舵机均处于 0°位置，LCD1602 显示"Set Password"，如图 6-4-10 所示，等待用户设置新密码。

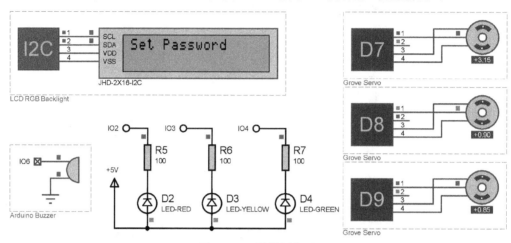

图 6-4-10　设置新密码

依次单击键盘电路中的"1"按键、"2"按键、"3"按键和"4"按键（也可依次随机单击 4 个按键），为电子密码锁设置密码。此时，3 个发光二极管均亮起，3 个舵机均处于 0°位置，LCD1602 第一行显示"Con Password"，LCD1602 第二行显示"1234？"。单击键盘电路中的"#"按键（不是"*"按键即可），不确认设置的新密码。此时，3 个发光二极管均亮起，3 个舵机均处于 0°位置，LCD1602 第二行显示"PW：0000"，如图 6-4-11 所示。随后读者可以自行验证初始密码是否可以打开电子密码锁，这里不再赘述。

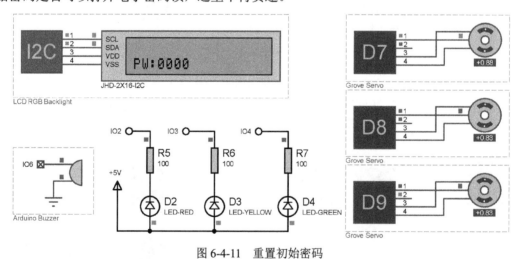

图 6-4-11　重置初始密码

经仿真验证，电子密码锁基本满足设计要求。

小提示

◎ 读者可以自行尝试其他 4 位密码。
◎ 读者也可以自行尝试多位数密码，增加密码的复杂程度。
◎ 扫描右侧二维码可观看电子密码锁电路的仿真结果。

第 7 章 多功能电子时钟实例

7.1 总体要求

多功能电子时钟整体电路由单片机最小系统电路、LCD1602 显示屏电路、数码管显示（LCD1602 显示屏）电路、键盘电路、电机电路、蜂鸣器电路和传感器电路组成。多功能电子时钟不仅可以通过数码管显示电路实时显示档期时间，还可以检测当前温度和光照情况。具体要求如下：
1．在程序初始化时，可以设置闹钟时间。
2．在程序初始化时，可以设置温度最高值。
3．数码管显示电路可以实时显示当前时间。
4．LCD1602 显示电路可以实时显示当前温度和光照情况。
5．当前温度高于设置的最高温度值时，电机开始转动，模拟开启风扇。
6．当前时间与闹钟设定时间一致时，蜂鸣器开始响起。

7.2 原理图设计

7.2.1 单片机最小系统电路

仿照 2.1.1 节新建工程，并将其命名为"home2"，工程新建完毕后，原理图中自动出现单片机最小系统电路图，如图 7-2-1 所示。

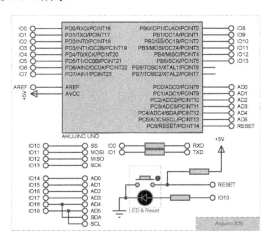

图 7-2-1 单片机最小系统电路图

7.2.2 LCD1602 显示屏电路

在 Visual Designer 界面，右键单击工程树中的 ◢ 🗁 ARDUINO UNO(U1) 选项，弹出子菜单。单击子菜单中的 Add Peripheral 选项，弹出"Select Peripheral"对话框，在"Peripheral Category"下拉列表中选择"Grove"，并在其子库中选择"Grove RGB LCD Module"，如图 7-2-2 所示。

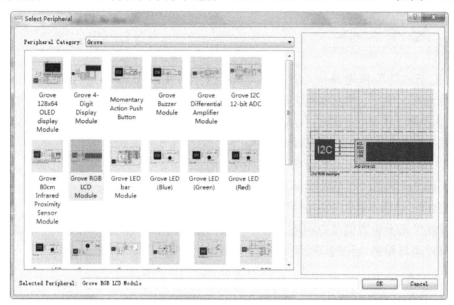

图 7-2-2 "Select Peripheral"对话框

单击"Select Peripheral"对话框中的 OK 按钮，即可将 Grove RGB LCD Module 放置在图纸上，放置完毕后，Schematic Capture 界面中显示放置显示屏后的电路图如图 7-2-3 所示。LCD1602 显示屏电路通过 I2C 接口与单片机最小系统电路相连。

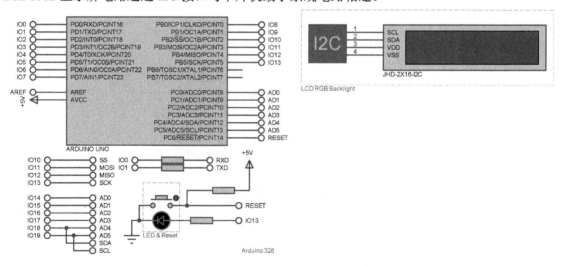

图 7-2-3 放置显示屏后的电路图

7.2.3 键盘电路

在 Visual Designer 界面，右键单击工程树中的 ARDUINO UNO(U1) 选项，弹出子菜单。单击子菜单中的 Add Peripheral 选项，弹出"Select Peripheral"对话框，在"Peripheral Category"下拉列表中选择"Breakout Peripherals"，并在其子库中选择"Arduino MCP23008 based Keypad Breakout Board"，如图 7-2-4 所示。

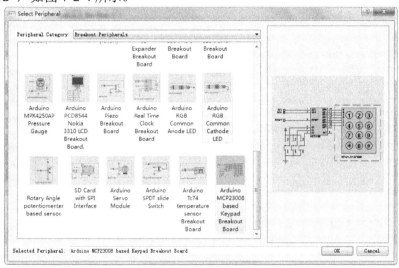

图 7-2-4 "Select Peripheral"对话框

单击"Select Peripheral"对话框中的 OK 按钮，即可将 Arduino MCP23008 based Keypad Breakout Board 放置在图纸上，放置完毕后，Schematic Capture 界面中放置键盘电路后的电路图如图 7-2-5 所示。MCP23008 中的 SCL 引脚与 Arduino 单片机的 IO19 引脚相连，SDA 引脚与 Arduino 单片机的 IO18 引脚相连。

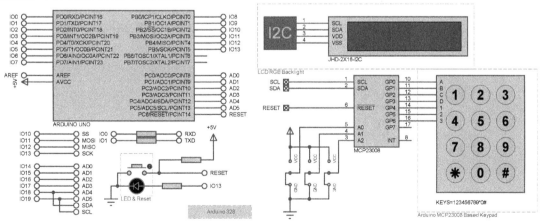

图 7-2-5 放置键盘电路后的电路图

7.2.4 电机电路

执行【Library】→【Pick parts from libraries P】命令，弹出"Pick Devices"对话框，在 Keywords

栏中输入"motor",即可搜索到发光二极管,选择"MOTOR-DC",如图 7-2-6 所示。单击"Pick Devices"对话框中的 OK 按钮,即可将电机放置在图纸上,其他元件均依照此方法进行放置。

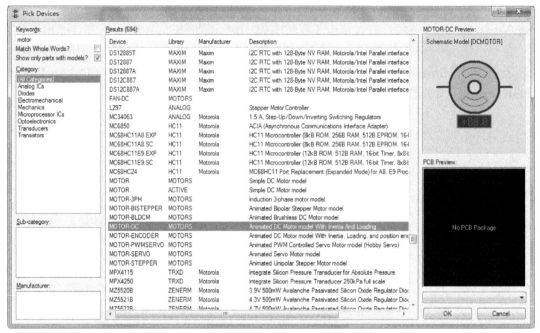

图 7-2-6 "Pick Devices"对话框

在 Proteus 软件中绘制出的电机 M1 驱动电路如图 7-2-7 所示,电机 M1 驱动电路主要由三极管 PN4141、三极管 PN4143、二极管 1N4001、电阻和直流电机等组成。电阻 R8 的一端与 Arduino 单片机的 IO6 引脚相连,电阻 R10 的一端与 Arduino 单片机的 IO7 引脚相连。当 Arduino 单片机的 IO6 引脚和 IO7 引脚均输入低电平时,电机 M1 应当不转。当 Arduino 单片机的 IO6 引脚输入高电平,Arduino 单片机的 IO7 引脚输入低电平,电机 M1 应当正向转动。当 Arduino 单片机的 IO6 引脚输入高电平,Arduino 单片机的 IO7 引脚输入高电平,电机 M1 应当停止转动。当 Arduino 单片机的 IO6 引脚输入低电平,Arduino 单片机的 IO7 引脚输入高电平,电机 M1 应当反向转动。

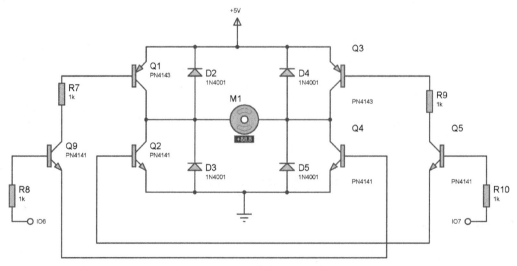

图 7-2-7 电机 M1 驱动电路

小提示

◎ 读者可以单独仿真电机电路,模拟在输入端输入高低电平后,观察直流电机的转动情况。
◎ 在元件库中搜索"PN4"关键字,即可找到相关三极管。
◎ 在元件库中搜索"1N4001"关键字,即可找到相关二极管。

7.2.5 蜂鸣器电路

执行【Library】→【Pick parts from libraries P】命令,弹出"Pick Devices"对话框,在"Keywords"栏中输入"sound",即可搜索到发光二极管,选择"BUZZER",如图 7-2-8 所示。单击"Pick Devices"对话框中的 OK 按钮,即可将蜂鸣器放置在图纸上,其他元件均依照此方法进行放置。

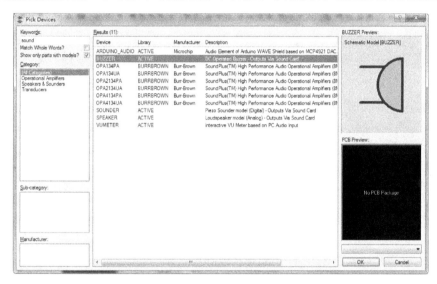

图 7-2-8 "Pick Devices"对话框

在 Proteus 软件中绘制出的蜂鸣器电路如图 7-2-9 所示,蜂鸣器电路主要由三极管 2N4401 和蜂鸣器组成。三极管的基极与 Arduino 单片机的 IO9 引脚相连,三极管的集电极接入+5V 电源网络,三极管的发射极与蜂鸣器的引脚相连。

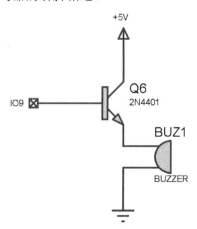

图 7-2-9 蜂鸣器电路单元

7.2.6 传感器电路

在 Visual Designer 界面，右键单击工程树中的 ◢ 🗁 `ARDUINO UNO(U1)` 选项，弹出子菜单。单击子菜单中的 `Add Peripheral` 选项，弹出"Select Peripheral"对话框，在"Peripheral Category"下拉列表中选择"Breakout Peripherals"，并在其子库中选择"Arduino Tc74 temperature sensor Breakout Board"，如图 7-2-10 所示。

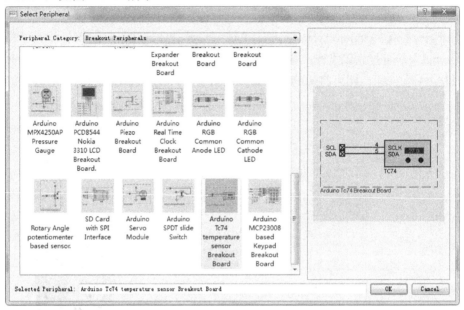

图 7-2-10 "Select Peripheral"对话框（1）

单击"Select Peripheral"对话框中的 `OK` 按钮，即可将 Arduino Tc74 temperature sensor Breakout Board 放置在图纸上，温度传感器放置完毕后，如图 7-2-11 所示。TC74 的引脚 4 通过网络标号"SCL"与 Arduino 单片机的 IO19 相连，TC74 的引脚 5 通过网络标号"SDA"与 Arduino 单片机的 IO18 相连。

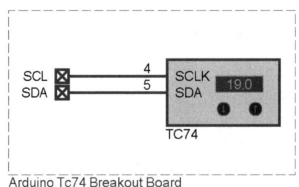

图 7-2-11 温度传感器电路单元

右键单击工程树中的 ◢ 🗁 `ARDUINO UNO(U1)` 选项，弹出子菜单。单击子菜单中的 `Add Peripheral` 选项，弹出"Select Peripheral"对话框，在"Peripheral Category"下拉列表中选

择"Grove",选择并在其子库中选择"Grove Luminance Sensor Module",如图 7-2-12 所示。

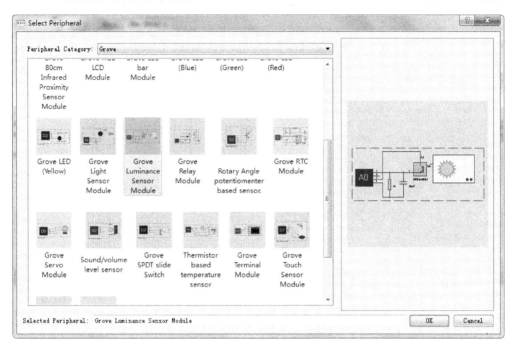

图 7-2-12 "Select Peripheral"对话框（2）

单击"Select Peripheral"对话框中的 OK 按钮,即可将 Grove Luminance Sensor Module 放置在图纸上,光照传感器放置完毕后,如图 7-2-13 所示。

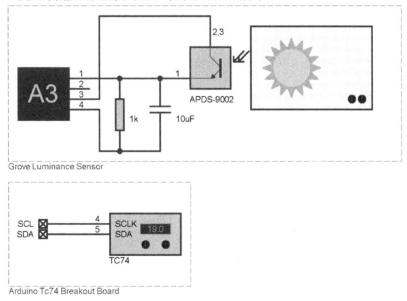

图 7-2-13 光照传感器电路单元

右键单击工程树中的 ▲ ARDUINO UNO(U1) 选项,弹出子菜单。单击子菜单中的 Add Peripheral 选项,弹出"Select Peripheral"对话框,在"Peripheral Category"下拉列表中选择 "Breakout Peripherals",并在其子库中选择"Arduino Real Time Clock Breakout Board",如图 7-2-14 所示。

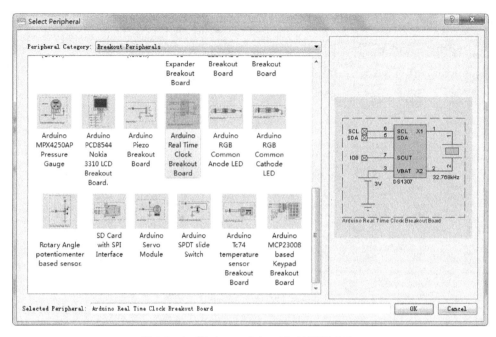

图 7-2-14 "Select Peripheral"对话框（3）

单击"Select Peripheral"对话框中的 OK 按钮，即可将 Arduino Real Time Clock Breakout Board 放置在图纸上，时钟传感器电路如图 7-2-15 所示。DS1307 的引脚 7 与 Arduino 单片机的 IO8 相连，引脚 5 通过网络标号"SDA"与 Arduino 单片机的 IO18 相连，引脚 6 通过网络标号"SCL"与 Arduino 单片机的 IO19 相连。

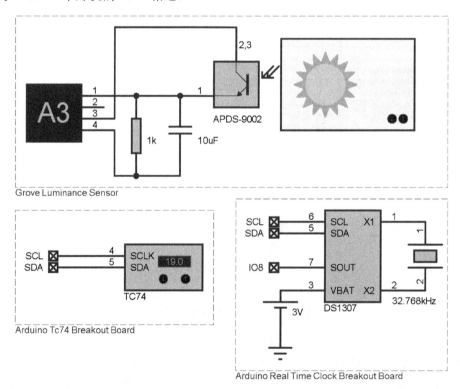

图 7-2-15 时钟传感器电路单元

7.2.7 数码管显示电路

在 Visual Designer 界面，右键单击工程树中的 ◢ 📂 ARDUINO UNO(U1) 选项，弹出子菜单。单击子菜单中的 Add Peripheral 选项，弹出"Select Peripheral"对话框，在"Peripheral Category"下拉列表中选择"Grove"，并在其子库中选择"Grove 4-Digit Display Module"，如图 7-2-16 所示。

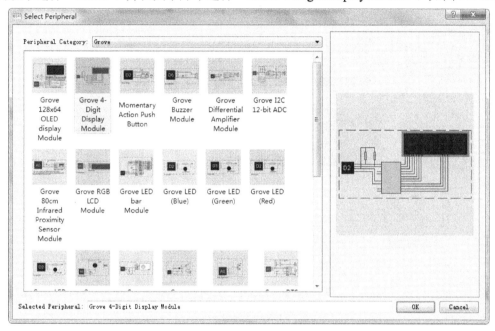

图 7-2-16 "Select Peripheral"对话框

单击"Select Peripheral"对话框中的 OK 按钮，即可将 Grove 4-Digit Display Module 放置在图纸上，数码管显示电路如图 7-2-17 所示。

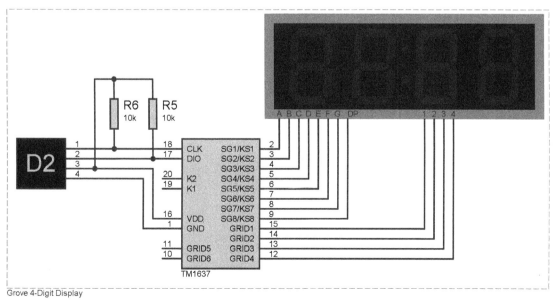

图 7-2-17 数码管显示电路单元

至此，多功能电子时钟电路原理图设计完毕，如图 7-2-18 所示。

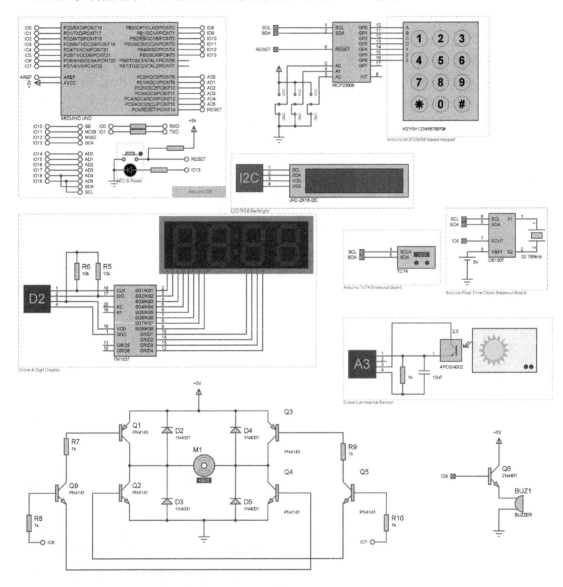

图 7-2-18　多功能电子时钟电路原理图

7.3　可视化流程图设计

7.3.1　SETUP 流程图

多功能电子时钟电路中的 SETUP 流程图自上至下依次放置 LEDM1 中的 init 框图、LEDM1 中的 setBrightness 框图、3 个 CPU 中的 pinMode 框图、3 个 CPU 中 digitalWrite 框图、Assignment Block 框图、Subroutine Call 框图（链接到 Settemp 子函数）、Time Delay 框图、Subroutine Call

框图（链接到 Settime 子函数）和 Time Delay 框图。

双击 init 框图，弹出"Edit I/O Block"对话框，所有参数选择默认设置，如图 7-3-1 所示。

双击 setBrightness 框图，弹出"Edit I/O Block"对话框，在"Arguments"栏中将 Level 设置为 BRIGHT_TYPICAL。setBrightness 框图全部参数设置如图 7-3-2 所示。

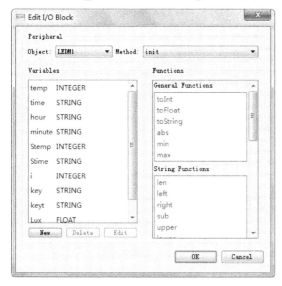 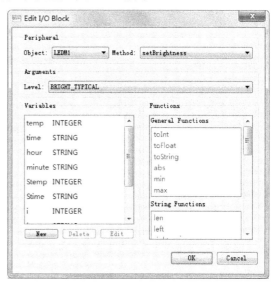

图 7-3-1　设置 init 框图参数　　　　　图 7-3-2　设置 setBrightness 框图参数

双击第 1 个 pinMode 框图，弹出"Edit I/O Block"对话框，在"Arguments"栏中将 Pin 设置为 6，Mode 设置为 OUTPUT。第 1 个 pinMode 框图全部参数设置如图 7-3-3 所示。

双击第 2 个 pinMode 框图，弹出"Edit I/O Block"对话框，在"Arguments"栏中将 Pin 设置为 7，Mode 设置为 OUTPUT。第 2 个 pinMode 框图全部参数设置如图 7-3-4 所示。

 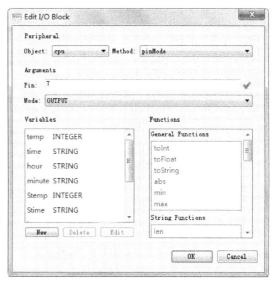

图 7-3-3　设置第 1 个 pinMode 框图参数　　　图 7-3-4　设置第 2 个 pinMode 框图参数

双击第 3 个 pinMode 框图，弹出"Edit I/O Block"对话框，在"Arguments"栏中将 Pin 设置为 9，Mode 设置为 OUTPUT。第 3 个 pinMode 框图全部参数设置如图 7-3-5 所示。

双击第 1 个 digitalWrite 框图，弹出"Edit I/O Block"对话框，在"Arguments"栏中将 Pin 设置为 6，State 设置为 FALSE。第 1 个 digitalWrite 框图全部参数设置如图 7-3-6 所示。

图 7-3-5　设置第 3 个 pinMode 框图参数　　　图 7-3-6　设置第 1 个 digitalWrite 框图参数

双击第 2 个 digitalWrite 框图，弹出"Edit I/O Block"对话框，在"Arguments"栏中将 Pin 设置为 7，State 设置为 FALSE。第 2 个 digitalWrite 框图全部参数设置如图 7-3-7 所示。

双击第 3 个 digitalWrite 框图，弹出"Edit I/O Block"对话框，在"Arguments"栏中将 Pin 设置为 9，State 设置为 FALSE。第 3 个 digitalWrite 框图全部参数设置如图 7-3-8 所示。

图 7-3-7　设置第 2 个 digitalWrite 框图参数　　　图 7-3-8　设置第 3 个 digitalWrite 框图参数

双击 Assignment Block 框图，弹出"Edit Assignment Block"对话框，在"Variables"栏新建变量为 temp，格式类型为 INTEGER；新建变量为 time，格式类型为 STRING；新建变量为 hour，格式类型为 STRING；新建变量为 minute，格式类型为 STRING；新建变量为 Stemp，格式类型为 INTEGER；新建变量为 Stime，格式类型为 STRING；新建变量为 i，格式类型为

INTEGER；新建变量为 key，格式类型为 STRING；新建变量为 keyt，格式类型为 STRING；新建变量为 Lux，格式类型为 FLOAT。在"Assignments"栏为变量赋初值，设置 temp=0，time=""，hour=""，minute=""，i=0，Stemp=0，Stime=""，keyt=""。Assignment Block 框图全部参数设置如图 7-3-9 所示。

双击 Subroutine Call 框图，弹出"Edit Subroutine Call"对话框，在"Subroutine to Call"栏中将 Sheet 设置为（all），Method 设置为 Settemp，第 1 个 Subroutine Call 框图参数设置如图 7-3-10 所示。

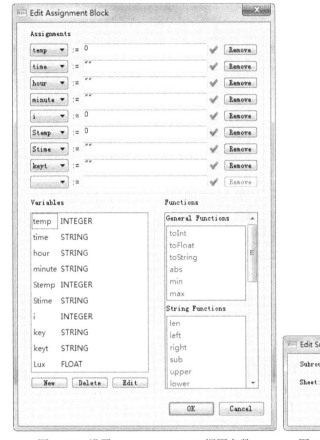

图 7-3-9　设置 Assignment Block 框图参数　　图 7-3-10　设置第 1 个 Subroutine Call 框图参数

双击 Time Delay 框图，弹出"Edit Delay Block"对话框，在"Delay"栏中输入 5000。Time Delay 框图全部参数设置如图 7-3-11 所示。

双击 Subroutine Call 框图，弹出"Edit Subroutine Call"对话框，在"Subroutine to Call"栏中将 Sheet 设置为（all），Method 设置为 Settime，第 2 个 Subroutine Call 框图参数设置如图 7-3-12 所示。

双击 Time Delay 框图，弹出"Edit Delay Block"对话框，在"Delay"栏中输入 5000。Time Delay 框图全部参数设置如图 7-3-11 所示。

至此，SETUP 流程图的主干设计完成，如图 7-3-13 所示，下面将介绍 Settemp 子函数流程图和 Settime 子函数流程图。

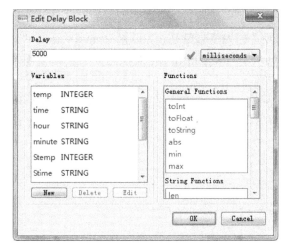

图 7-3-11 设置 Time Delay 框图参数

图 7-3-12 设置第 2 个 Subroutine Call 框图参数

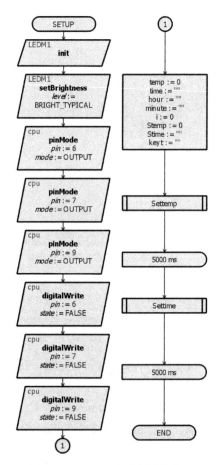

图 7-3-13 SETUP 流程图的主干

Settemp 子函数流程图自上至下依次放置 LCD1 中的 clear 框图、LCD1 中的 setCursor 框图、LCD1 中的 print 框图、For 循环框图、KEYPAD1 中的 waitPress 框图、KEYPAD1 中的 getKey 框图、KEYPAD1 中的 waitRelease 框图、Assignment Block 框图、LCD1 中的 setCursor 框图、LCD1 中的 print 框图、Assignment Block 框图、LCD1 中的 setCursor 框图和 LCD1 中的 print 框图。

双击 clear 框图，弹出"Edit I/O Block"对话框，所有参数选择默认设置，如图 7-3-14 所示。

双击 setCursor 框图，弹出"Edit I/O Block"对话框，在"Arguments"栏中将 Col 设置为 0，Row 设置为 0。第 1 个 setCursor 框图全部参数设置如图 7-3-15 所示。

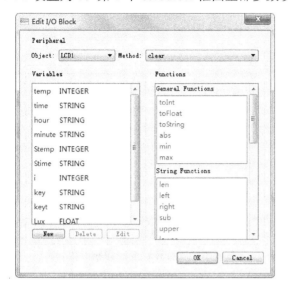 

图 7-3-14　设置 clear 框图参数　　　　　图 7-3-15　设置第 1 个 setCursor 框图参数

双击 print 框图，弹出"Edit I/O Block"对话框，在"Arguments"栏中输入"Set temperature"。第 1 个 print 框图全部参数设置如图 7-3-16 所示。

双击 For 循环框图，弹出"Edit Loop"对话框，在 For-Next Loop 选项卡中将 Loop Variable 设置为 i，Start Value 设置为 0，Stop Value 设置为 1，Step Value 设置为 1，如图 7-3-17 所示。

图 7-3-16　设置第 1 个 print 框图参数　　　　图 7-3-17　设置 Loop 框图参数

双击 waitPress 框图，弹出"Edit I/O Block"对话框，所有参数选择默认设置，如图 7-3-18 所示。

双击 getKey 框图，弹出"Edit I/O Block"对话框，在"Arguments"栏中将 Wait 设置为 FALSE，

在 Results 栏中设置 Key=>key。getKey 框图全部参数设置如图 7-3-19 所示。

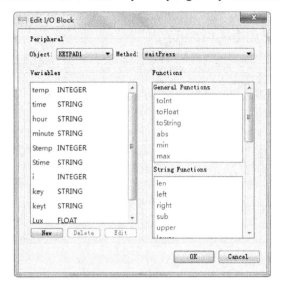

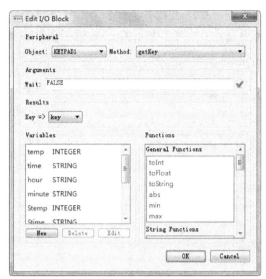

图 7-3-18　设置 waitPress 框图参数　　　　图 7-3-19　设置 getKey 框图参数

双击 waitRelease 框图，弹出"Edit I/O Block"对话框，所有参数选择默认设置，如图 7-3-20 所示。

双击 Assignment Block 框图，弹出"Edit Assignment Block"对话框，在"Assignments"栏为变量赋值，设置 keyt=keyt+key。第 1 个 Assignment Block 框图全部参数设置如图 7-3-21 所示。

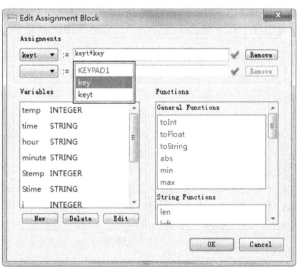

图 7-3-20　设置 waitRelease 框图参数　　　图 7-3-21　设置第 1 个 Assignment Block 框图参数

双击 setCursor 框图，弹出"Edit I/O Block"对话框，在"Arguments"栏中将 Col 设置为 0，Row 设置为 1。第 2 个 setCursor 框图全部参数设置如图 7-3-22 所示。

双击 print 框图，弹出"Edit I/O Block"对话框，在"Arguments"栏中输入 keyt。第 2 个 print 框图全部参数设置如图 7-3-23 所示。

第 7 章 多功能电子时钟实例

图 7-3-22 设置第 2 个 setCursor 框图参数

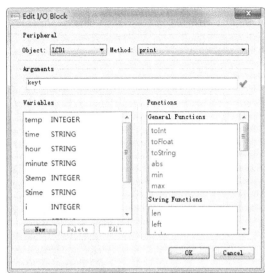

图 7-3-23 设置第 2 个 print 框图参数

双击 Assignment Block 框图，弹出"Edit Assignment Block"对话框，在"Assignments"栏为变量赋值，设置 Stemp=toInt(keyt)。第 2 个 Assignment Block 框图全部参数设置如图 7-3-24 所示。

双击 setCursor 框图，弹出"Edit I/O Block"对话框，在"Arguments"栏中将 Col 设置为 0，Row 设置为 1。第 3 个 setCursor 框图全部参数设置如图 7-3-22 所示。

双击 print 框图，弹出"Edit I/O Block"对话框，在"Arguments"栏中输入 Stemp," is ok"。第 3 个 print 框图全部参数设置如图 7-3-25 所示。

图 7-3-24 设置第 2 个 Assignment Block 框图参数

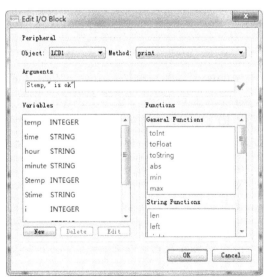

图 7-3-25 设置第 3 个 print 框图参数

至此，Settemp 子函数流程图已经设计完毕，如图 7-3-26 所示。

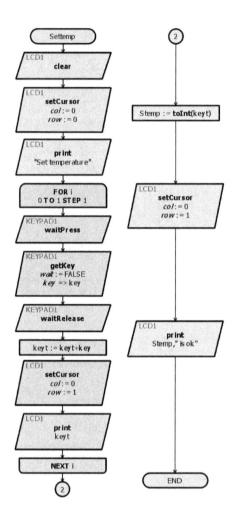

图 7-3-26　Settemp 子函数流程图

Settime 子函数流程图自上至下依次放置 LCD1 中的 clear 框图、LCD1 中的 setCursor 框图、LCD1 中的 print 框图、For 循环框图、KEYPAD1 中的 waitPress 框图、KEYPAD1 中的 getKey 框图、KEYPAD1 中的 waitRelease 框图、Assignment Block 框图、LCD1 中的 setCursor 框图、LCD1 中的 print 框图、LCD1 中的 setCursor 框图和 LCD1 中的 print 框图。

双击 clear 框图，弹出"Edit I/O Block"对话框，所有参数选择默认设置，如图 7-3-14 所示。

双击 setCursor 框图，弹出"Edit I/O Block"对话框，在"Arguments"栏中将 Col 设置为 0，Row 设置为 0。第 1 个 setCursor 框图全部参数设置如图 7-3-15 所示。

双击 print 框图，弹出"Edit I/O Block"对话框，在"Arguments"栏中输入"Set time"。第 1 个 print 框图全部参数设置如图 7-3-27 所示。

双击 For 循环框图，弹出"Edit Loop"对话框，将 Loop Variable 设置为 i，Start Value 设置为 0，Stop Value 设置为 3，Step Value 设置为 1，如图 7-3-28 所示。

双击 waitPress 框图，弹出"Edit I/O Block"对话框，所有参数选择默认设置，如图 7-3-18 所示。

双击 getKey 框图，弹出"Edit I/O Block"对话框，在"Arguments"栏中将 Wait 设置为 FALSE，在 Results 栏中设置 Key=>key。getKey 框图全部参数设置如图 7-3-19 所示。

第 7 章 多功能电子时钟实例　　*187*

图 7-3-27　设置第 1 个 print 框图参数

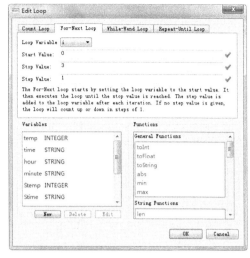

图 7-3-28　设置 Loop 框图参数

双击 waitRelease 框图，弹出"Edit I/O Block"对话框，所有参数选择默认设置，如图 7-3-20 所示。

双击 Assignment Block 框图，弹出"Edit Assignment Block"对话框，在"Assignments"栏为变量赋值，设置 Stime=Stime+key。Assignment Block 框图全部参数设置如图 7-3-29 所示。

双击 setCursor 框图，弹出"Edit I/O Block"对话框，在"Arguments"栏中将 Col 设置为 0，Row 设置为 1。第 2 个 setCursor 框图全部参数设置如图 7-3-22 所示。

双击 print 框图，弹出"Edit I/O Block"对话框，在"Arguments"栏中输入 Stime。第 2 个 print 框图全部参数设置如图 7-3-30 所示。

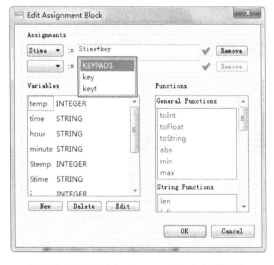

图 7-3-29　设置 Assignment Block 框图参数

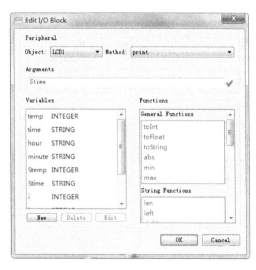

图 7-3-30　设置第 2 个 print 框图参数

双击 setCursor 框图，弹出"Edit I/O Block"对话框，在"Arguments"栏中将 Col 设置为 0，Row 设置为 1。第 3 个 setCursor 框图全部参数设置如图 7-3-22 所示。

双击 print 框图，弹出"Edit I/O Block"对话框，在"Arguments"栏中输入 Stime, " is ok"。第 3 个 print 框图全部参数设置如图 7-3-31 所示。

至此，Settime 子函数流程图已经设计完毕，如图 7-3-32 所示。

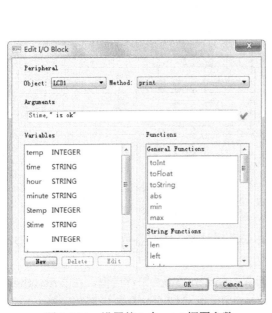

图 7-3-31 设置第 3 个 print 框图参数

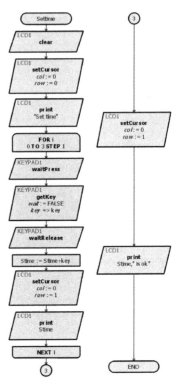

图 7-3-32 Settime 子函数流程图

至此，SETUP 流程图已经设计完毕，如图 7-3-33 所示。SETUP 流程图可实现定义 Arduino 单片机引脚、设置变量并为其赋初值、设置温度最高值和设置闹钟时间等功能。

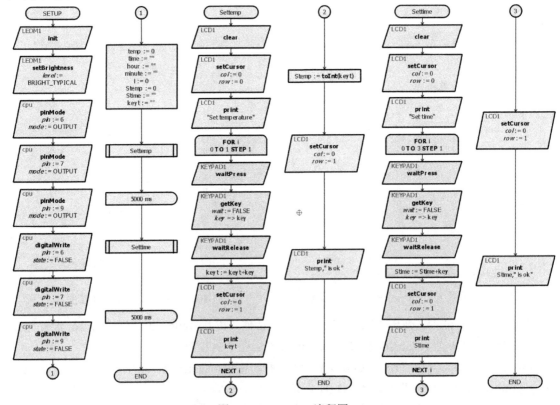

图 7-3-33 SETUP 流程图

7.3.2 LOOP 流程图

多功能电子时钟电路中的 LOOP 流程图自上至下依次放置 LCD1 中的 clear 框图、LCD1 中的 setCursor 框图、PD1 中的 readLuminance 框图、LCD1 中的 print 框图、LCD1 中的 setCursor 框图、TS1 中的 begin 框图、TS1 中的 read 框图、LCD1 中的 print 框图、Subroutine Call 框图（链接 timeshou 子函数）、Subroutine Call 框图（链接 judge 子函数）和 Time Delay 框图。

双击 clear 框图，弹出"Edit I/O Block"对话框，所有参数选择默认设置，如图 7-3-34 所示。

双击 setCursor 框图，弹出"Edit I/O Block"对话框，在"Arguments"栏中将 Col 设置为 0、Row 设置为 0。第 1 个 setCursor 框图全部参数设置如图 7-3-35 所示。

图 7-3-34　设置 clear 框图参数

图 7-3-35　设置第 1 个 setCursor 框图参数

双击 readLuminance 框图，弹出"Edit I/O Block"对话框，在"Results"栏中设置 Reading=>Lux。readLuminance 框图全部参数设置如图 7-3-36 所示。

双击 print 框图，弹出"Edit I/O Block"对话框，在"Arguments"栏中输入"Lux is",Lux。第 1 个 print 框图全部参数设置如图 7-3-37 所示。

图 7-3-36　设置 readLuminance 框图参数

图 7-3-37　设置第 1 个 print 框图参数

双击 setCursor 框图，弹出"Edit I/O Block"对话框，在"Arguments"栏中将 Col 设置为 0，Row 设置为 1。第 2 个 setCursor 框图全部参数设置如图 7-3-38 所示。

双击 begin 框图，弹出"Edit I/O Block"对话框，在"Arguments"栏中将 Addr 设置为 A5。begin 框图全部参数设置如图 7-3-39 所示。

图 7-3-38　设置第 2 个 setCursor 框图参数

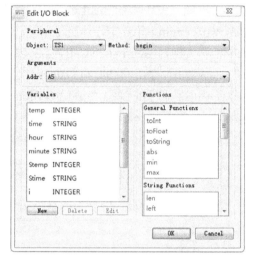

图 7-3-39　设置 begin 框图参数

双击 read 框图，弹出"Edit I/O Block"对话框，在"Results"栏中设置 Reading=>temp。read 框图全部参数设置如图 7-3-40 所示。

双击 print 框图，弹出"Edit I/O Block"对话框，在"Arguments"栏中输入"Temperature ",temp。第 2 个 print 框图全部参数设置如图 7-3-41 所示。

图 7-3-40　设置 read 框图参数

图 7-3-41　设置第 2 个 print 框图参数

双击 Subroutine Call 框图，弹出"Edit Subroutine Call"对话框，在"Subroutine to Call"栏中将 Sheet 设置为（all），Method 设置为 timeshow，如图 7-3-42 所示。

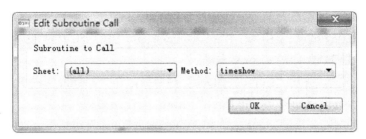

图 7-3-42　设置 Subroutine Call 框图参数（显示）

双击 Subroutine Call 框图，弹出 "Edit Subroutine Call" 对话框，在 "Subroutine to Call" 栏中将 Sheet 设置为（all），Method 设置为 judge，如图 7-3-43 所示。

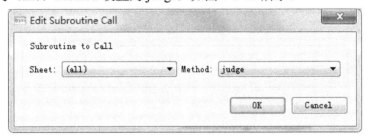

图 7-3-43　设置 Subroutine Call 框图参数（判断）

双击 Time Delay 框图，弹出 "Edit Delay Block" 对话框，在 "Delay" 栏中输入 500。Time Delay 框图全部参数设置如图 7-3-44 所示。

至此，LOOP 流程图的主干全部设计完成，如图 7-3-45 所示，下面将介绍 timeshow 子函数流程图和 judge 子函数流程图。

图 7-3-44　设置 Time Delay 框图参数

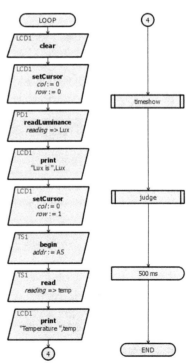

图 7-3-45　LOOP 流程图的主干

timeshow 子函数流程图自上至下依次放置 RTC1 中的 readTime 框图、Assignment Block 框图、LEDM1 中的 display 框图、LEDM1 中的 display 框图、LEDM1 中的 decPoint 框图、LEDM1 中的 display 框图和 LEDM1 中的 display 框图。

双击 readTime 框图，弹出"Edit I/O Block"对话框，在"Results"栏中设置 Time=>time。readTime 框图全部参数设置如图 7-3-46 所示。

双击 Assignment Block 框图，弹出"Edit Assignment Block"对话框，在"Assignments"栏为变量赋值，设置 hour=sub(time,0,2)，设置 minute=sub(time,3,5)。Assignment Block 框图全部参数设置如图 7-3-47 所示。

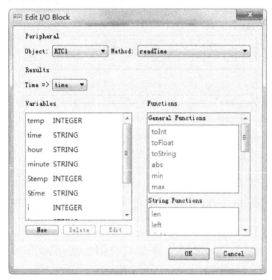

图 7-3-46　设置 readTime 框图参数

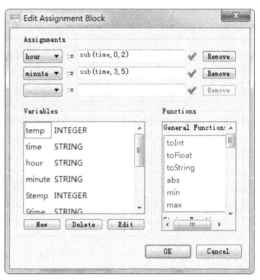

图 7-3-47　设置 Assignment Block 框图参数

双击第 1 个 display 框图，弹出"Edit I/O Block"对话框，在"Assignments"栏中将 Pos 设置为 0，将 Value 设置为 toInt(hour)/10。第 1 个 display 框图全部参数设置如图 7-3-48 所示。

双击第 2 个 display 框图，弹出"Edit I/O Block"对话框，在"Assignments"栏中将 Pos 设置为 1，将 Value 设置为 toInt(hour)%10。第 2 个 display 框图全部参数设置如图 7-3-49 所示。

图 7-3-48　设置第 1 个 display 框图参数

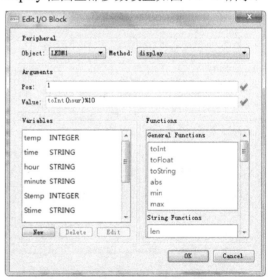

图 7-3-49　设置第 2 个 display 框图参数

双击 decPoint 框图，弹出"Edit I/O Block"对话框，在 Assignments 栏中将 State 设置为 TRUE。decPoint 框图全部参数设置如图 7-3-50 所示。

双击第 3 个 display 框图，弹出"Edit I/O Block"对话框，在"Assignments"栏中将 Pos 设置为 2，将 Value 设置为 toInt(minute)/10。第 3 个 display 框图全部参数设置如图 7-3-51 所示。

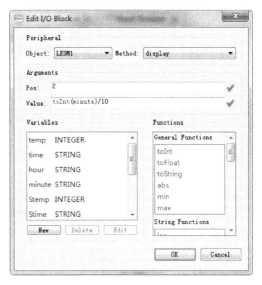

图 7-3-50　设置 decPoint 框图参数　　　图 7-3-51　设置第 3 个 display 框图参数

双击第 4 个 display 框图，弹出"Edit I/O Block"对话框，在"Assignments"栏中将 Pos 设置为 3，将 Value 设置为 toInt(minute)%10。第 4 个 display 框图全部参数设置如图 7-3-52 所示。

至此，timeshow 子函数流程图全部设计完毕，如图 7-3-53 所示。

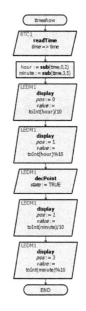

图 7-3-52　设置第 4 个 display 框图参数　　　图 7-3-53　timeshow 子函数流程图

judge 子函数流程图自上至下依次放置 Decision Block 框图、CPU 中 digitalWrite 框图（Decision Block 框图的 YES 分支）、CPU 中 digitalWrite 框图（Decision Block 框图的 NO 分支）、

Decision Block 框图、CPU 中 digitalWrite 框图（Decision Block 框图的 YES 分支）和 CPU 中 digitalWrite 框图（Decision Block 框图的 NO 分支）。

双击第 1 个 Decision Block 框图，弹出"Edit Decision Block"对话框，在"Condition"栏设置 temp>=Stemp。第 1 个 Decision Block 框图全部参数设置如图 7-3-54 所示。

双击 digitalWrite 框图（第 1 个 Decision Block 框图的 YES 分支），弹出"Edit I/O Block"对话框，在"Arguments"栏中将 Pin 设置为 6，State 设置为 TRUE。digitalWrite 框图（第 1 个 Decision Block 框图的 YES 分支）全部参数设置如图 7-3-55 所示。

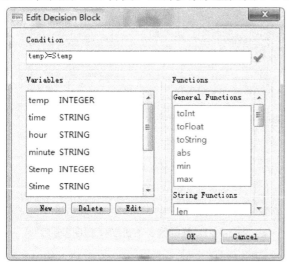

图 7-3-54　设置第 1 个 Decision Block 框图参数

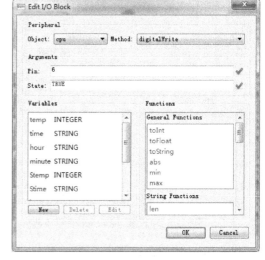

图 7-3-55　设置第 1 个 digitalWrite 框图参数

双击 digitalWrite 框图（第 1 个 Decision Block 框图的 NO 分支），弹出"Edit I/O Block"对话框，在"Arguments"栏中将 Pin 设置为 6，State 设置为 FALSE。digitalWrite 框图（第 1 个 Decision Block 框图的 NO 分支）全部参数设置如图 7-3-56 所示。

双击第 2 个 Decision Block 框图，弹出"Edit Decision Block"对话框，在"Condition"栏设置(hour+minute)==Stime。第 2 个 Decision Block 框图全部参数设置如图 7-3-57 所示。

图 7-3-56　设置第 2 个 digitalWrite 框图参数

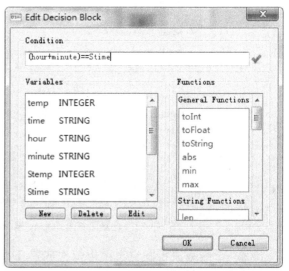

图 7-3-57　设置第 2 个 Decision Block 框图参数

双击 digitalWrite 框图（第 2 个 Decision Block 框图的 YES 分支），弹出"Edit I/O Block"对话框，在"Arguments"栏中将 Pin 设置为 9，State 设置为 TRUE。digitalWrite 框图（第 2 个 Decision Block 框图的 YES 分支）全部参数设置如图 7-3-58 所示。

双击"digitalWrite"框图（第 2 个 Decision Block 框图的 NO 分支），弹出"Edit I/O Block"对话框，在"Arguments"栏中将 Pin 设置为 9，State 设置为 FALSE。digitalWrite 框图（第 2 个 Decision Block 框图的 NO 分支）全部参数设置如图 7-3-59 所示。

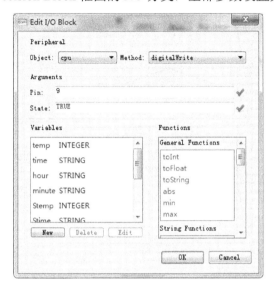 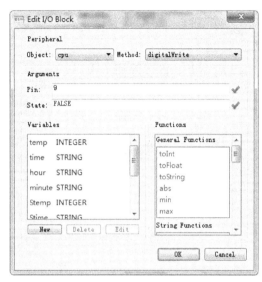

图 7-3-58　设置第 3 个 digitalWrite 框图参数　　　图 7-3-59　设置第 4 个 digitalWrite 框图参数

至此，judge 子函数流程图已经设计完毕，如图 7-3-60 所示。

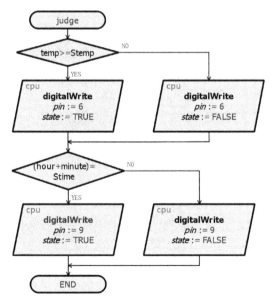

图 7-3-60　judge 子函数流程图

至此，LOOP 流程图已经全部设计完毕，如图 7-3-61 所示。LOOP 流程图可实现实时显示时间、实时显示温度、实时显示光照情况、驱动电机转动和驱动蜂鸣器发出声响等功能。

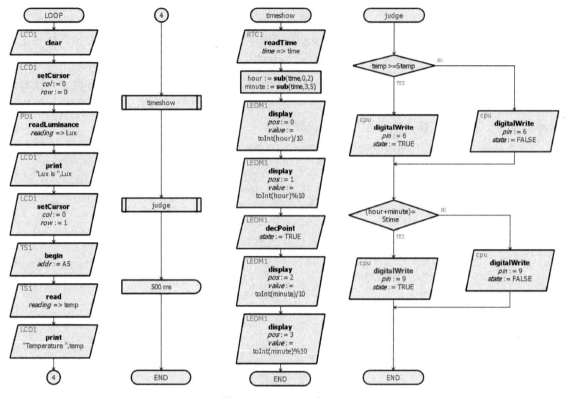

图 7-3-61　LOOP 流程图

7.4　仿真验证

在 Proteus 主菜单中，执行 Debug → Run Simulation 命令，运行仿真，切换至 Schematic Capture 界面，LCD1602 第一行显示"Set temperature"，Arduino 单片机的 IO6 引脚和 IO7 引脚均输出低电平，如图 7-4-1 所示，等待用户设定温度值。

依次单击键盘电路中的"3"按键和"4"按键，可设置温度值。当按下键盘的"3"按键时，LCD1602 第一行显示"Set temperature"，LCD1602 第二行显示"3"，如图 7-4-2 所示；当按下键盘的"4"按键时，LCD1602 第一行显示"Set temperature"，LCD1602 第二行显示"34 is ok"，如图 7-4-3 所示。此时，代表温度值已经设置完毕。

等待 5s 左右，进入设置闹钟时间模式，LCD1602 第一行显示"Set time"，如图 7-4-4 所示，依次单击键盘电路中的"2"、"2"、"0"和"0"按键，即将闹钟时间设置为 22:00，设置完毕后，LCD1602 第一行显示"Set time"，LCD1602 第二行显示"2200 is ok"，如图 7-4-5 所示。此时，代表闹钟时间已经设置完毕。

再等待 5s 左右，多功能电子时钟开始正常运行，数码管显示电路开始显示时间，LCD1602 第一行显示当前光照情况，LCD1602 第二行显示当前温度，如图 7-4-6 所示。

第 7 章 多功能电子时钟实例

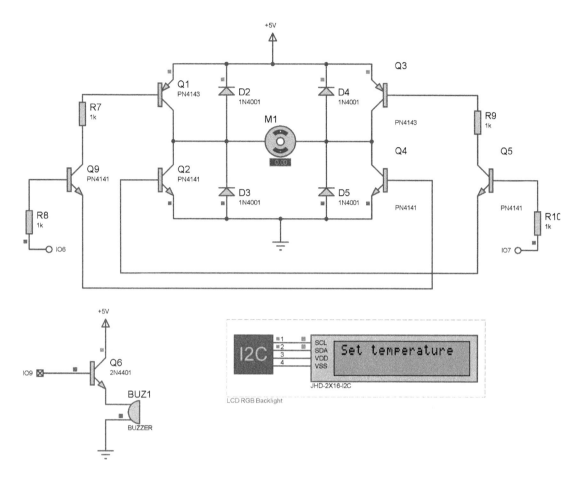

图 7-4-1 等待设定温度值

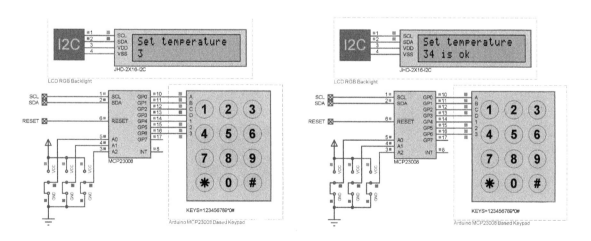

图 7-4-2 等待设定温度值的十位　　　　图 7-4-3 等待设定温度值的个位

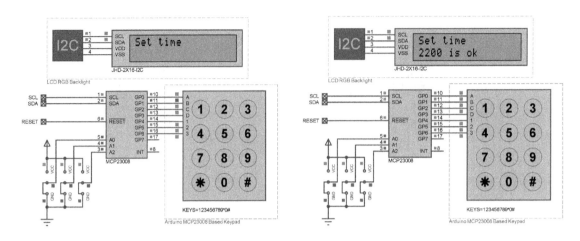

图 7-4-4　等待设定闹钟时间　　　　　　图 7-4-5　闹钟时间设定完毕

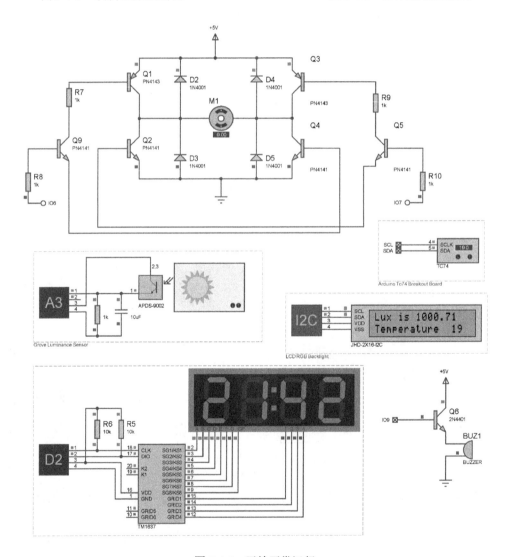

图 7-4-6　开始正常运行

调节光照传感器，使图片中出现乌云，但不遮蔽太阳，可以看出 LCD1602 显示的光照强度的数值为 397.97，如图 7-4-7 所示；调节光照传感器，使图片中出现乌云并遮蔽太阳，可以看出 LCD1602 显示的光照强度的数值为 10.62，如图 7-4-8 所示；调节光照传感器，使图片中出现满月，可以看出 LCD1602 显示的光照强度的数值为 1.04，如图 7-4-9 所示；调节光照传感器，使图片中出现月牙，可以看出 LCD1602 显示的光照强度的数值为 0.00，如图 7-4-10 所示。

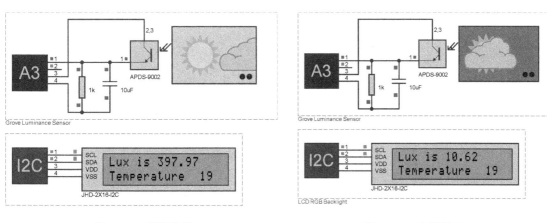

图 7-4-7 光照强度 1　　　　　　　　　图 7-4-8 光照强度 2

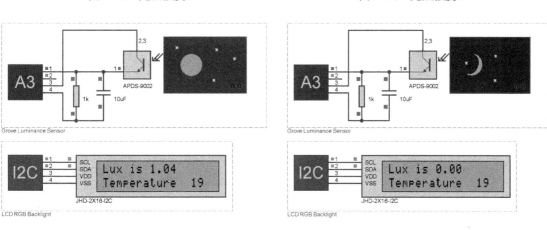

图 7-4-9 光照强度 3　　　　　　　　　图 7-4-10 光照强度 4

当时间到达 22:00 时，Arduino 单片机的 IO9 引脚输出高电平，蜂鸣器发出声响，如图 7-4-11 所示；当时间为 22:01 时，Arduino 单片机的 IO9 引脚输出低电平，蜂鸣器不发出声响，如图 7-4-12 所示。

调节温度传感器，将温度设置为 30℃，LCD1602 第二行显示当前温度为 30℃，因未到达设定的温度值，电机 M1 不转动，如图 7-4-13 所示；调节温度传感器，将温度设置为 35℃，LCD1602 第二行显示当前温度为 35℃，已经超过设定的温度值，电机 M1 开始转动，如图 7-4-14 所示；再次调节温度传感器，将温度设置为 33℃，LCD1602 第二行显示当前温度为 33℃，低于设定的温度值，电机 M1 逐渐停止转动，如图 7-4-15 所示。

经仿真验证，多功能电子时钟基本满足设计要求。

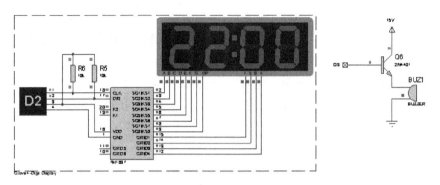

图 7-4-11　到达设置时间

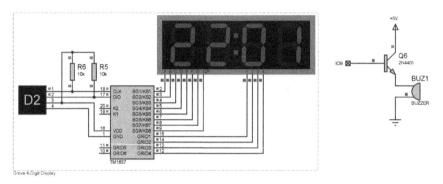

图 7-4-12　超过设置时间

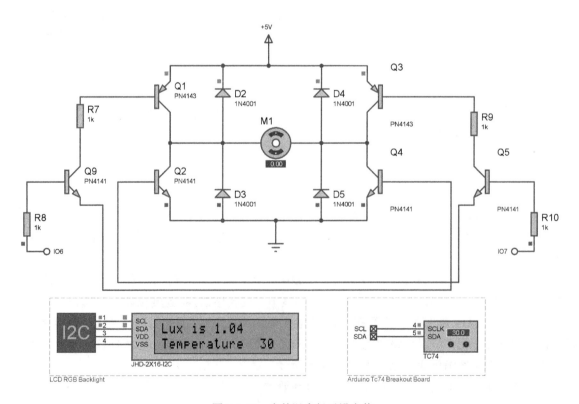

图 7-4-13　当前温度低于设定值

第 7 章 多功能电子时钟实例

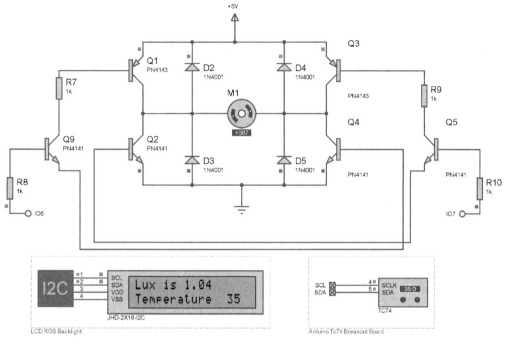

图 7-4-14 当前温度高于设定值

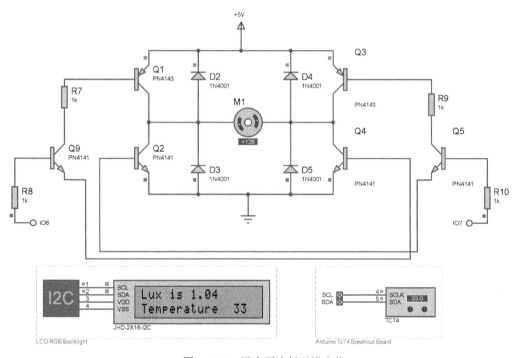

图 7-4-15 温度再次低于设定值

小提示

◎ 读者可以自行仿真验证多功能电子时钟的其他功能。
◎ 读者可以通过修改程序框图来提高时钟精度。
◎ 扫描右侧二维码可观看多功能电子时钟电路的仿真结果。

第 8 章 智能小车实例

8.1 总体要求

智能小车整体电路由单片机最小系统电路、LCD1602 显示屏电路、键盘电路和小车电路组成。智能小车一般可以分为循迹小车、避障小车和遥控小车等几种类型。循迹小车可以根据固定的路径向前行进；避障小车可以在一定的区域内躲避障碍物；遥控小车可以根据遥控器的指令来执行相应的动作。本章中智能小车包含了循迹模式、避障模式和遥控模式。具体要求如下：

1. 智能小车包含 3 种模式，分别是循迹模式、避障模式和遥控模式。
2. 在程序初始化时，可以通过键盘电路来设置智能小车的模式。
3. LCD1602 显示电路可以显示当前智能小车的模式。
4. 当智能小车设置为循迹模式时，智能小车可以沿地图上的黑色路径行进。
5. 当智能小车设置为避障模式时，智能小车可以在地图上躲避红色障碍物。
6. 当智能小车设置为遥控模式时，智能小车可以根据指令来执行相应的动作。
7. 遥控指令包括前进指令、后退指令、左转弯指令、右转弯指令和原地旋转指令。

8.2 原理图设计

8.2.1 单片机最小系统电路

仿照 2.1.1 节新建工程，并将其命名为"robot"，工程新建完毕后，原理图中自动出现单片机最小系统电路图，如图 8-2-1 所示。

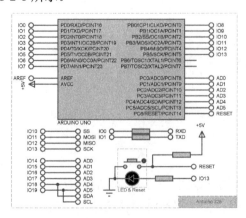

图 8-2-1 单片机最小系统电路图

8.2.2 LCD1602 显示屏电路

在 Visual Designer 界面，右键单击工程树中的 ◢ 📂 ARDUINO UNO(U1) 选项，弹出子菜单。单击子菜单中的 Add Peripheral 选项，弹出"Select Peripheral"对话框，在"Peripheral Category"下拉列表中选择"Grove"，并在其子库中选择"Grove RGB LCD Module"，如图 8-2-2 所示。

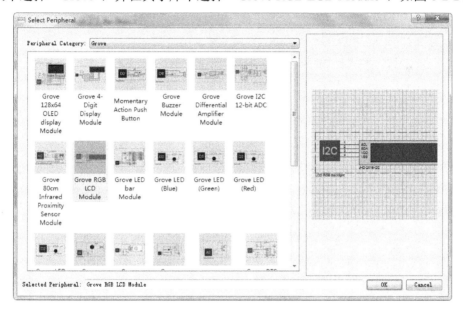

图 8-2-2 "Select Peripheral"对话框

单击"Select Peripheral"对话框中的 OK 按钮，即可将 Grove RGB LCD Module 放置在图纸上，放置完毕后，Schematic Capture 界面中显示放置显示屏后的电路图如图 8-2-3 所示。LCD1602 显示屏电路通过 I2C 接口与单片机最小系统电路相连。

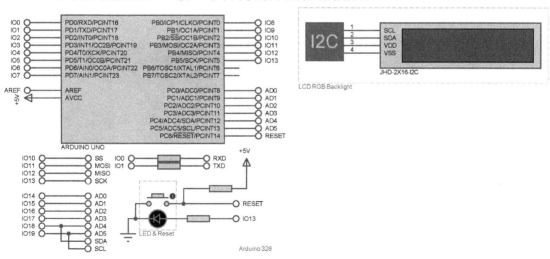

图 8-2-3 放置显示屏后的电路图

8.2.3 键盘电路

在 Visual Designer 界面,右键单击工程树中的 ARDUINO UNO(U1) 选项,弹出子菜单。单击子菜单中的 Add Peripheral 选项,弹出"Select Peripheral"对话框,在"Peripheral Category"下拉列表中选择"Breakout Peripherals",并在其子库中选择"Arduino MCP23008 based Keypad Breakout Board",如图 8-2-4 所示。

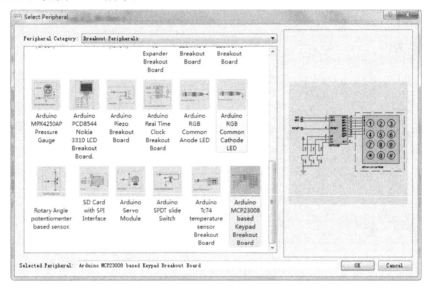

图 8-2-4 "Select Peripheral"对话框

单击"Select Peripheral"对话框中的 OK 按钮,即可将 Arduino MCP23008 based Keypad Breakout Board 放置在图纸上,放置完毕后,Schematic Capture 界面中放置键盘电路后的电路图如图 8-2-5 所示。MCP23008 中的 SCL 引脚与 Arduino 单片机的 IO19 引脚相连,SDA 引脚与 Arduino 单片机的 IO18 引脚相连。

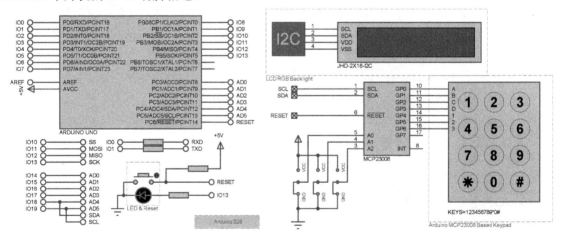

图 8-2-5 放置键盘电路后的电路图

8.2.4 小车电路

在 Visual Designer 界面，右键单击工程树中的 ARDUINO UNO(U1) 选项，弹出子菜单。单击子菜单中的 Add Peripheral 选项，弹出"Select Peripheral"对话框，在"Peripheral Category"下拉列表中选择"Motor Control"，并在其子库中选择"Arduino Turtle"，如图 8-2-6 所示。

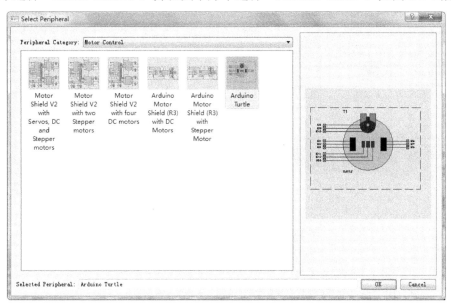

图 8-2-6 "Select Peripheral"对话框

单击"Select Peripheral"对话框中的 OK 按钮，即可将 Arduino Turtle 放置在图纸上，小车电路放置完毕后，如图 8-2-7 所示。小车电路中的距离传感器与 Arduino 单片机的 IO8 引脚、IO9 引脚和 IO10 引脚相连；左轮驱动电机与 Arduino 单片机的 IO4 引脚、IO2 引脚和 IO3 引脚相连；右轮驱动电机与 Arduino 单片机的 IO5 引脚、IO6 引脚和 IO7 引脚相连；循迹传感器与 Arduino 单片机的 IO11 引脚、IO12 引脚和 AD0 引脚相连。

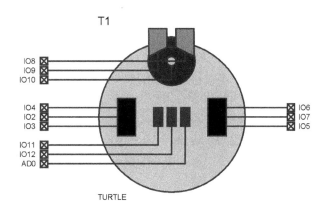

图 8-2-7 小车电路

至此，智能小车整体电路原理图设计完毕，如图 8-2-8 所示。

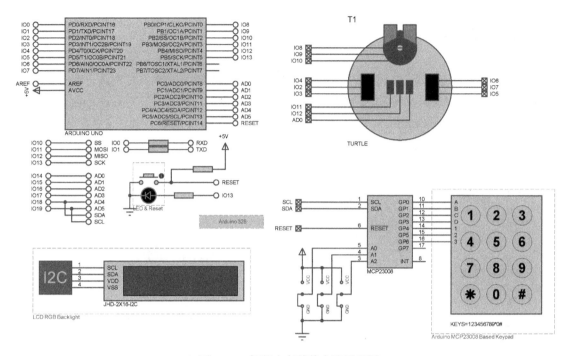

图 8-2-8 智能小车整体电路原理图

8.3 可视化流程图设计

8.3.1 SETUP 流程图

智能小车电路中的 SETUP 流程图自上至下依次放置 Assignment Block 框图、T1:SH 中的 setAngle 框图、T1:SH 中的 setRange 框图、LCD1 中的 clear 框图、LCD1 中的 setCursor 框图、LCD1 中的 print 框图、LCD1 中的 setCursor 框图、LCD1 中的 print 框图、KEYPAD1 中的 waitPress 框图、KEYPAD1 中的 getKey 框图、KEYPAD1 中的 waitRelease 框图、Assignment Block 框图和 Subroutine Call 框图（链接到 modeshow 子函数）。

双击 Assignment Block 框图，弹出"Edit Assignment Block"对话框，在"Variables"栏新建变量为 key 和 mode，格式类型为 STRING；新建变量为 pingValue 和 lastPingValue，格式类型为 FLOAT；新建变量为 speed、samePingValueCount、dir、count 和 range，格式类型均为 INTEGER。在 Assignments 栏为变量赋初值，设置 pingValue=0.0，lastPingValue=0.0，samePingValueCount=0，speed=200，range=25，dir=0，mode=""。第 1 个 Assignment Block 框图全部参数设置如图 8-3-1 所示。

双击 setAngle 框图，弹出"Edit I/O Block"对话框，在"Arguments"栏中将 Angle 设置为 0。setAngle 框图全部参数设置如图 8-3-2 所示。

图 8-3-1 设置第 1 个 Assignment Block 框图参数

图 8-3-2 设置 setAngle 框图参数

双击 setRange 框图,弹出"Edit I/O Block"对话框,在"Arguments"栏中将 Range 设置为 25。setRange 框图全部参数设置如图 8-3-3 所示。

双击 clear 框图,弹出"Edit I/O Block"对话框,所有参数选择默认设置,如图 8-3-4 所示。

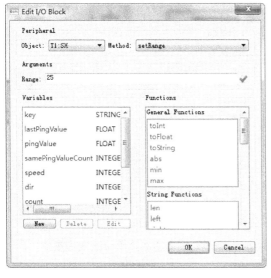

图 8-3-3 设置 setRange 框图参数

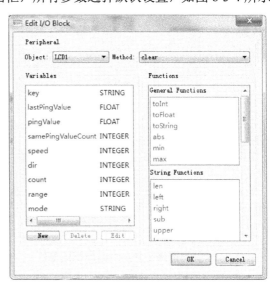

图 8-3-4 设置 clear 框图参数

双击 setCursor 框图,弹出"Edit I/O Block"对话框,在"Arguments"栏中将 Col 设置为 0,Row 设置为 0。第 1 个 setCursor 框图全部参数设置如图 8-3-5 所示。

双击 print 框图,弹出"Edit I/O Block"对话框,在"Arguments"栏中输入"Choose Mode"。第 1 个 print 框图全部参数设置如图 8-3-6 所示。

图 8-3-5 设置第 1 个 setCursor 框图参数

图 8-3-6 设置第 1 个 print 框图参数

双击 setCursor 框图，弹出"Edit I/O Block"对话框，在"Arguments"栏中将 Col 设置为 0，Row 设置为 1。第 2 个 setCursor 框图全部参数设置如图 8-3-7 所示。

双击 print 框图，弹出"Edit I/O Block"对话框，在"Arguments"栏中输入"1-A 2-F 3-T"。第 2 个 print 框图全部参数设置如图 8-3-8 所示。

图 8-3-7 设置第 2 个 setCursor 框图参数

图 8-3-8 设置第 2 个 print 框图参数

双击 waitPress 框图，弹出"Edit I/O Block"对话框，所有参数选择默认设置，如图 8-3-9 所示。

双击 getKey 框图，弹出"Edit I/O Block"对话框，在"Arguments"栏中将 Wait 设置为 FALSE，在 Results 栏中设置 Key=>key。getKey 框图全部参数设置如图 8-3-10 所示。

图 8-3-9　设置 waitPress 框图参数

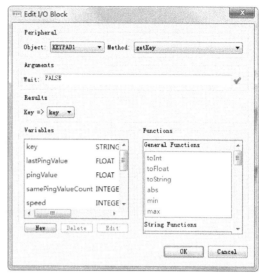

图 8-3-10　设置 getKey 框图参数

双击 waitRelease 框图，弹出"Edit I/O Block"对话框，所有参数选择默认设置，如图 8-3-11 所示。

双击 Assignment Block 框图，弹出"Edit Assignment Block"对话框，在"Assignments"栏为变量赋值，设置 mode=key。第 2 个 Assignment Block 框图全部参数设置如图 8-3-12 所示。

图 8-3-11　设置 waitRelease 框图参数

图 8-3-12　设置第 2 个 Assignment Block 框图参数

双击 Subroutine Call 框图，弹出"Edit Subroutine Call"对话框，在"Subroutine to Call"栏中将 Sheet 设置为（all），Method 设置为 modeshow，如图 8-3-13 所示。

至此，SETUP 流程图的主干已经设计完成，如图 8-3-14 所示。下面将介绍 modeshow 子函数流程图。

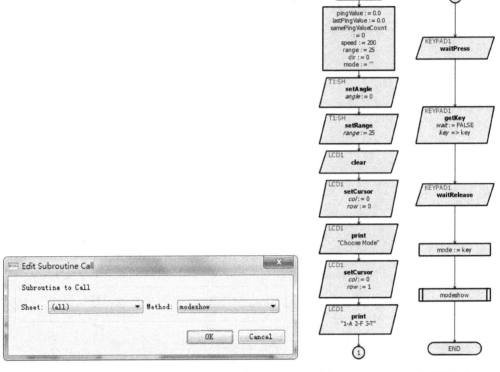

图 8-3-13　设置 Subroutine Call 框图参数　　　图 8-3-14　SETUP 流程图的主干

　　modeshow 子函数流程图包含了 3 个判断框图和 4 个分支，且嵌套较多，文字不易描述，读者可以先观察图 8-3-15 所示的示意图。

　　modeshow 子函数流程图分支 1 自上至下依次放置 Decision Block 框图（判断框 1）、LCD1 中的 clear 框图、LCD1 中的 setCursor 框图、LCD1 中的 print 框图、LCD1 中的 setCursor 框图、LCD1 中的 print 框图和 Time Delay 框图。

　　双击 Decision Block 框图，弹出"Edit Decision Block"对话框，在"Condition"栏设置 mode=="1"。第 1 个 Decision Block 框图全部参数设置如图 8-3-16 所示。

　　双击 clear 框图，弹出"Edit I/O Block"对话框，所有参数选择默认设置，如图 8-3-4 所示。

　　双击 setCursor 框图，弹出"Edit I/O Block"对话框，在"Arguments"栏中将 Col 设置为 0，Row 设置为 0。第 1 个 setCursor 框图全部参数设置如图 8-3-5 所示。

　　双击 print 框图，弹出"Edit I/O Block"对话框，在"Arguments"栏中输入"Start Mode"。第 1 个 print 框图全部参数设置如图 8-3-17 所示。

　　双击 setCursor 框图，弹出"Edit I/O Block"对话框，在"Arguments"栏中将 Col 设置为 0，Row 设置为 1。第 2 个 setCursor 框图全部参数设置如图 8-3-7 所示。

　　双击 print 框图，弹出"Edit I/O Block"对话框，在"Arguments"栏中输入"Avoid"。第 2 个 print 框图全部参数设置如图 8-3-18 所示。

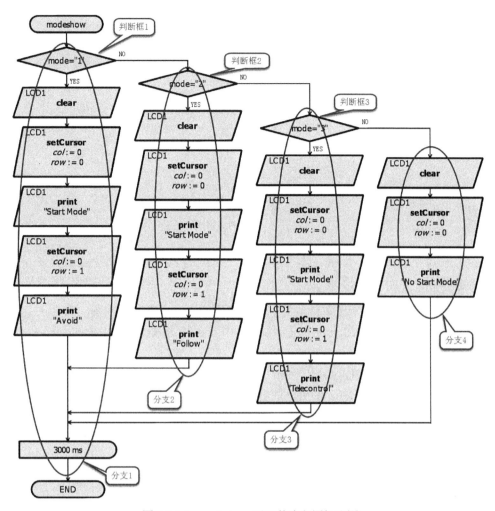

图 8-3-15 modeshow 子函数流程图标注图

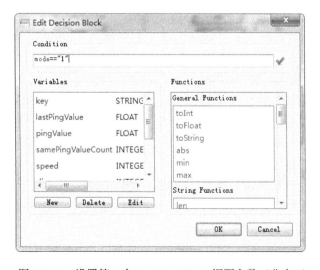
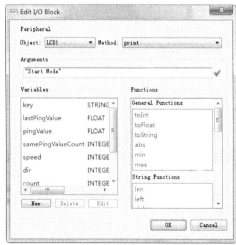

图 8-3-16 设置第 1 个 Decision Block 框图参数（分支 1） 图 8-3-17 设置第 1 个 print 框图参数（分支 1）

双击 Time Delay 框图，弹出 "Edit Delay Block" 对话框，在 "Delay" 栏中输入 3000。Time Delay 框图全部参数设置如图 8-3-19 所示。

图 8-3-18 设置第 2 个 print 框图参数（分支 1）

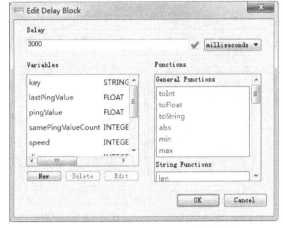

图 8-3-19 设置 Time Delay 框图参数

modeshow 子函数流程图分支 2 自上至下依次放置 Decision Block 框图（判断框 2）、LCD1 中的 clear 框图、LCD1 中的 setCursor 框图、LCD1 中的 print 框图、LCD1 中的 setCursor 框图和 LCD1 中的 print 框图。

双击 Decision Block 框图，弹出"Edit Decision Block"对话框，在"Condition"栏设置 mode=="2"。第 1 个 Decision Block 框图全部参数设置如图 8-3-20 所示。

双击 clear 框图，弹出"Edit I/O Block"对话框，所有参数选择默认设置，如图 8-3-4 所示。

双击 setCursor 框图，弹出"Edit I/O Block"对话框，在"Arguments"栏中将 Col 设置为 0，Row 设置为 0。第 1 个 setCursor 框图全部参数设置如图 8-3-5 所示。

双击 print 框图，弹出"Edit I/O Block"对话框，在"Arguments"栏中输入"Start Mode"。第 1 个 print 框图全部参数设置如图 8-3-17 所示。

双击 setCursor 框图，弹出"Edit I/O Block"对话框，在"Arguments"栏中将 Col 设置为 0，Row 设置为 1。第 2 个 setCursor 框图全部参数设置如图 8-3-7 所示。

双击 print 框图，弹出"Edit I/O Block"对话框，在"Arguments"栏中输入"Follow"。第 2 个 print 框图全部参数设置如图 8-3-21 所示。

modeshow 子函数流程图分支 3 自上至下依次放置 Decision Block 框图（判断框 3）、LCD1 中的 clear 框图、LCD1 中的 setCursor 框图、LCD1 中的 print 框图、LCD1 中的 setCursor 框图和 LCD1 中的 print 框图。

双击 Decision Block 框图，弹出"Edit Decision Block"对话框，在"Condition"栏设置 mode=="3"。Decision Block 框图全部参数设置如图 8-3-22 所示。

双击 clear 框图，弹出"Edit I/O Block"对话框，所有参数选择默认设置，如图 8-3-4 所示。

双击 setCursor 框图，弹出"Edit I/O Block"对话框，在"Arguments"栏中将 Col 设置为 0，Row 设置为 0。第 1 个 setCursor 框图全部参数设置如图 8-3-5 所示。

双击 print 框图，弹出"Edit I/O Block"对话框，在"Arguments"栏中输入"Start Mode"。第 1 个 print 框图全部参数设置如图 8-3-17 所示。

双击 setCursor 框图，弹出"Edit I/O Block"对话框，在"Arguments"栏中将 Col 设置为 0，Row 设置为 1。第 2 个 setCursor 框图全部参数设置如图 8-3-7 所示。

双击 print 框图，弹出"Edit I/O Block"对话框，在"Arguments"栏中输入"Telecontrol"。第 2 个 print 框图全部参数设置如图 8-3-23 所示。

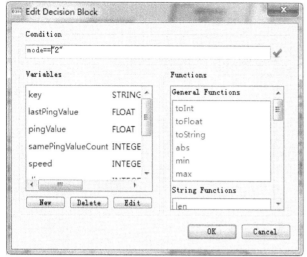

图 8-3-20 设置 Decision Block 框图参数（分支 2）　　图 8-3-21 设置第 1 个 print 框图参数（分支 2）

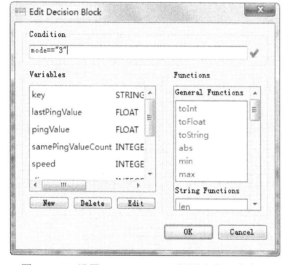 

图 8-3-22 设置 Decision Block 框图参数（分支 3）　　图 8-3-23 设置第 2 个 print 框图参数（分支 3）

modeshow 子函数流程图分支 4 自上至下依次放置 LCD1 中的 clear 框图、LCD1 中的 setCursor 框图和 LCD1 中的 print 框图。

双击 clear 框图，弹出"Edit I/O Block"对话框，所有参数选择默认设置，如图 8-3-4 所示。

双击 setCursor 框图，弹出"Edit I/O Block"对话框，在"Arguments"栏中将 Col 设置为 0，Row 设置为 0。setCursor 框图全部参数设置如图 8-3-5 所示。

双击 print 框图，弹出"Edit I/O Block"对话框，在"Arguments"栏中输入"No Start Mode"。print 框图全部参数设置如图 8-3-24 所示。

图 8-3-24 设置 print 框图参数(分支 4)

至此,modeshow 子函数流程图全部设计完毕,如图 8-3-25 所示。

至此,SETUP 流程图已经设计完毕,如图 8-3-26 所示。SETUP 流程图可实现定义 Arduino 单片机引脚、设置变量并为其赋初值和设置智能小车模式等功能。

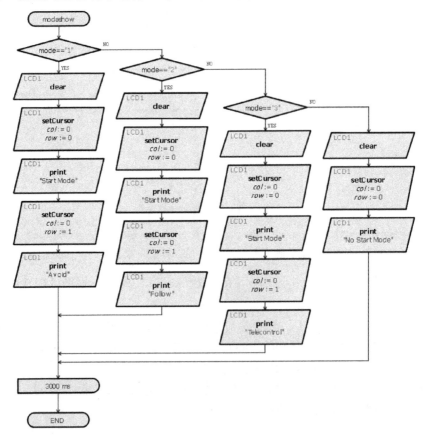

图 8-3-25 modeshow 子函数流程图

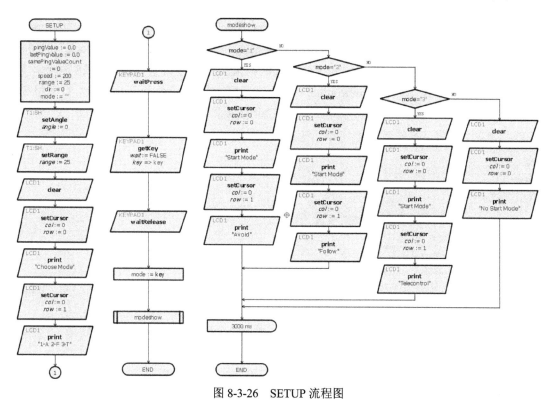

图 8-3-26 SETUP 流程图

8.3.2 LOOP 流程图

智能小车电路中的 LOOP 流程图主干包含了 3 个判断框图和 4 个分支,且嵌套较多,文字不易描述,读者可以先观察图 8-3-27 所示的示意图。

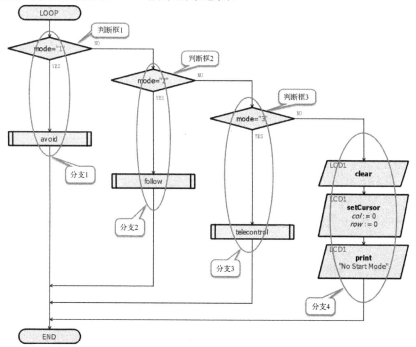

图 8-3-27 LOOP 流程图主干示意图

LOOP 流程图分支 1 自上至下依次放置 Decision Block 框图（判断框 1）和 Subroutine Call 框图（链接到 avoid 子函数）。双击 Decision Block 框图，弹出"Edit Decision Block"对话框，在 Condition 栏设置 mode=="1"。Decision Block 框图全部参数设置如图 8-3-28 所示。双击 Subroutine Call 框图，弹出"Edit Subroutine Call"对话框，在"Subroutine to Call"栏中将 Sheet 设置为（all），Method 设置为 avoid，Subroutine Call 框图参数设置如图 8-3-29 所示。

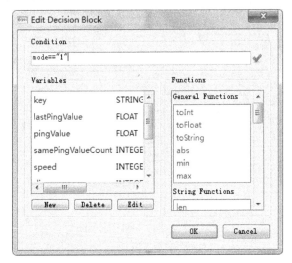

图 8-3-28　设置 Decision Block 框图参数（分支 1）　　图 8-3-29　设置 Subroutine Call 框图参数（分支 1）

LOOP 流程图分支 2 自上至下依次放置 Decision Block 框图（判断框 2）和 Subroutine Call 框图（链接到 follow 子函数）。双击 Decision Block 框图，弹出"Edit Decision Block"对话框，在 Condition 栏设置 mode=="2"，Decision Block 框图全部参数设置如图 8-3-30 所示。双击 Subroutine Call 框图，弹出"Edit Subroutine Call"对话框，在 Subroutine to Call 栏中将 Sheet 设置为（all），Method 设置为 follow，Subroutine Call 框图参数设置如图 8-3-31 所示。

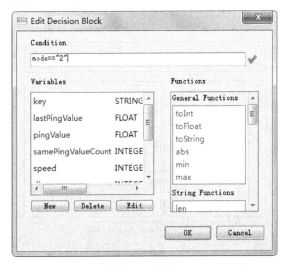

图 8-3-30　设置 Decision Block 框图参数（分支 2）　　图 8-3-31　设置 Subroutine Call 框图参数（分支 2）

LOOP 流程图分支 3 自上至下依次放置 Decision Block 框图（判断框 3）和 Subroutine Call 框图（链接到 telecontrol 子函数）。双击 Decision Block 框图，弹出"Edit Decision Block"对话

框,在"Condition"栏设置 mode=="3"。Decision Block 框图全部参数设置如图 8-3-32 所示。双击 Subroutine Call 框图,弹出"Edit Subroutine Call"对话框,在"Subroutine to Call"栏中将 Sheet 设置为(all),Method 设置为 telecontrol,Subroutine Call 框图参数设置如图 8-3-33 所示。

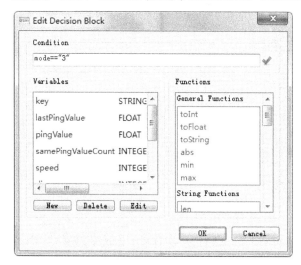

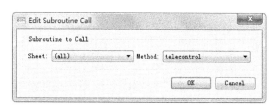

图 8-3-32 设置 Decision Block 框图参数(分支 3)　　图 8-3-33 设置 Subroutine Call 框图参数(分支 3)

　　LOOP 流程图分支 4 自上至下依次放置 LCD1 中的 clear 框图、LCD1 中的 setCursor 框图、和 LCD1 中的 print 框图。双击 clear 框图,弹出"Edit I/O Block"对话框,clear 框图所有参数选择默认设置,如图 8-3-34 所示。双击 setCursor 框图,弹出"Edit I/O Block"对话框,在"Arguments"栏中将 Col 设置为 0,Row 设置为 0。setCursor 框图全部参数设置如图 8-3-35 所示。双击 print 框图,弹出"Edit I/O Block"对话框,在"Arguments"栏中输入"No Start Mode"。print 框图全部参数设置如图 8-3-36 所示。

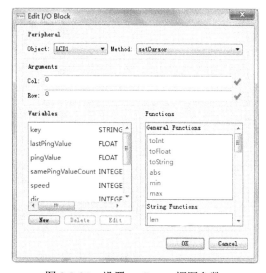

图 8-3-34 设置 clear 框图参数　　　　　　　图 8-3-35 设置 setCursor 框图参数

　　至此,LOOP 流程图的主干设计完成,如图 8-3-37 所示,下面将介绍 avoid 子函数流程图、follow 子函数流程图和 telecontrol 子函数流程图。

图 8-3-36 设置 print 框图参数

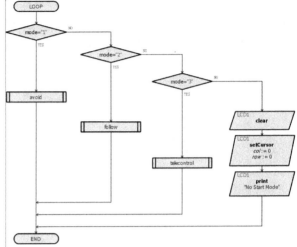

图 8-3-37 SETUP 流程图的主干

avoid 子函数流程图嵌套较多，并且没有较为明确的分支结构，读者可以观察图 8-3-38 所示的 avoid 子函数流程图及框图标号，后面将按照此顺序对各个框图进行参数设置。

如图 8-3-38 所示，avoid 子函数流程图包含❶T1:SH 中的 ping 框图、❷Decision Block 框图、❸Assignment Block 框图、❹Time Delay 框图、❺Assignment Block 框图、❻T1:SH 框图、❼T1:DRIVE 中的 forwards 框图、❽T1:DRIVE 中的 turn 框图、❾Time Delay 框图、❿Assignment Block 框图、⓫Decision Block 框图、⓬T1:DRIVE 中的 backwards 框图、⓭Time Delay 框图、⓮T1:DRIVE 中的 turn 框图和⓯Time Delay 框图。

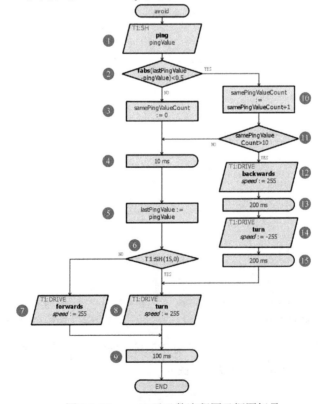

图 8-3-38 avoid 子函数流程图及框图标号

❶双击 ping 框图，弹出"Edit I/O Block"对话框，在"Results"栏中参数设置 pingValue。ping 框图全部参数设置如图 8-3-39 所示。

❷双击 Decision Block 框图，弹出"Edit Decision Block"对话框，在"Condition"栏输入 fabs(lastPingValue-pingValue)<0.5。第 1 个 Decision Block 框图全部参数设置如图 8-3-40 所示。

图 8-3-39　设置 ping 框图参数　　　　图 8-3-40　设置第 1 个 Decision Block 框图参数

❸双击 Assignment Block 框图，弹出"Edit Assignment Block"对话框，在"Assignments"栏为变量赋值，设置 samePingValueCount=0。第 1 个 Assignment Block 框图全部参数设置如图 8-3-41 所示。

❹双击 Time Delay 框图，弹出"Edit Delay Block"对话框，在"Delay"栏中输入 10。第 1 个 Time Delay 框图全部参数设置如图 8-3-42 所示。

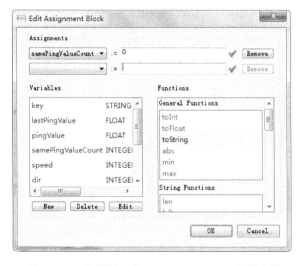 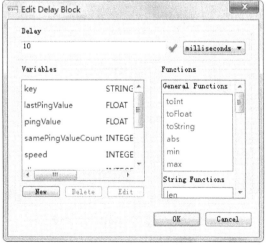

图 8-3-41　设置第 1 个 Assignment Block 框图参数　　图 8-3-42　设置第 1 个 Time Delay 框图参数

❺双击 Assignment Block 框图，弹出"Edit Assignment Block"对话框，在"Assignments"栏为变量赋值，设置 lastPingValue=pingValue。第 2 个 Assignment Block 框图全部参数设置如图 8-3-43 所示。

❻双击 T1:SH 框图，弹出"Edit Decision Block"对话框，在"Condition"栏输入 T1:SH(15,0)。T1:SH 框图全部参数设置如图 8-3-44 所示。

图 8-3-43　设置第 2 个 Assignment Block 框图参数

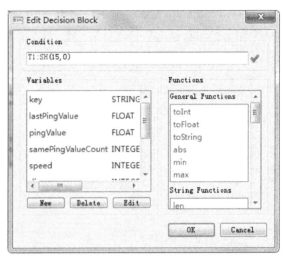

图 8-3-44　设置 T1:SH 框图参数

❼双击 forwards 框图，弹出"Edit I/O Block"对话框，在"Arguments"栏中将 Speed 设置为 255。forwards 框图全部参数设置如图 8-3-45 所示。

❽双击 turn 框图，弹出"Edit I/O Block"对话框，在"Arguments"栏中将 Speed 设置为 255。第 1 个 turn 框图全部参数设置如图 8-3-46 所示。

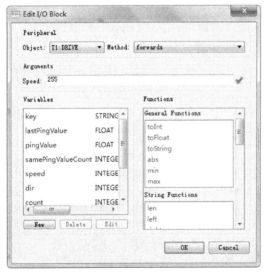

图 8-3-45　设置 forwards 框图参数

图 8-3-46　设置第 1 个 turn 框图参数

❾双击 Time Delay 框图，弹出"Edit Delay Block"对话框，在 Delay 栏中输入 100。第 2 个 Time Delay 框图全部参数设置如图 8-3-47 所示。

❿双击 Assignment Block 框图，弹出"Edit Assignment Block"对话框，在 Assignments 栏为变量赋值，设置 samePingValueCount=samePingValueCount+1。第 3 个 Assignment Block 框图全部参数设置如图 8-3-48 所示。

第 8 章 智能小车实例 221

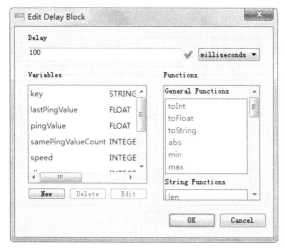

图 8-3-47　设置第 2 个 Time Delay 框图参数

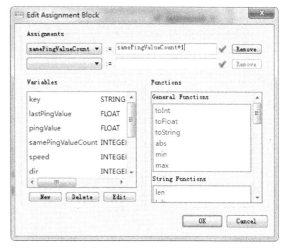

图 8-3-48　设置第 3 个 Assignment Block 框图参数

⑪双击 Decision Block 框图，弹出"Edit Decision Block"对话框，在"Condition"栏输入 samePingValueCount>10。第 2 个 Decision Block 框图全部参数设置如图 8-3-49 所示。

⑫双击 backwards 框图，弹出"Edit I/O Block"对话框，在"Arguments"栏中将 Speed 设置为 255。backwards 框图全部参数设置如图 8-3-50 所示。

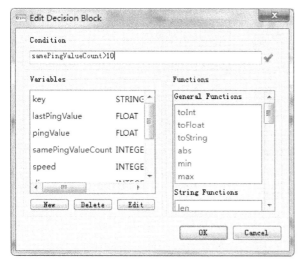

图 8-3-49　设置第 2 个 Decision Block 框图参数

图 8-3-50　设置 backwards 框图参数

⑬双击 Time Delay 框图，弹出"Edit Delay Block"对话框，在 Delay 栏中输入 200。第 3 个 Time Delay 框图全部参数设置如图 8-3-51 所示。

⑭双击 turn 框图，弹出"Edit I/O Block"对话框，在"Arguments"栏中将 Speed 设置为-255。第 2 个 turn 框图全部参数设置如图 8-3-52 所示。

⑮双击 Time Delay 框图，弹出"Edit Delay Block"对话框，在 Delay 栏中输入 200。第 4 个 Time Delay 框图全部参数设置如图 8-3-51 所示。

至此，avoid 子函数流程图设计完毕，如图 8-3-53 所示。

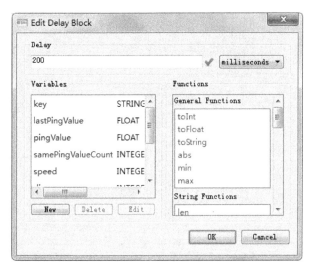

图 8-3-51 设置第 3 个 Time Delay 框图参数

图 8-3-52 设置第 2 个 turn 框图参数

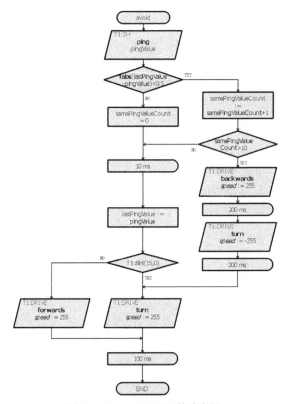

图 8-3-53 avoid 子函数流程图

telecontrol 子函数流程图包含了 5 个判断框图和 6 个分支，且嵌套较多，文字不易描述，读者可以观察图 8-3-54 所示的示意图。

telecontrol 子函数流程图分支 1 自上至下依次放置 KEYPAD1 中的 getKey 框图、Decision Block 框图和 T1:DRIVE 中的 forwards 框图。双击 getKey 框图，弹出"Edit I/O Block"对话框，在"Arguments"栏中将 Wait 设置为 FALSE，在"Results"栏中设置 Key=>key，getKey 框图全部参数设置如图 8-3-55 所示。双击 Decision Block 框图，弹出"Edit Decision Block"对话框，在"Condition"栏设置 key=="2"，Decision Block 框图全部参数设置如图 8-3-56 所示。双击 forwards

框图，弹出"Edit I/O Block"对话框，在"Arguments"栏中将 Speed 设置为 255，forwards 框图全部参数设置如图 8-3-57 所示。

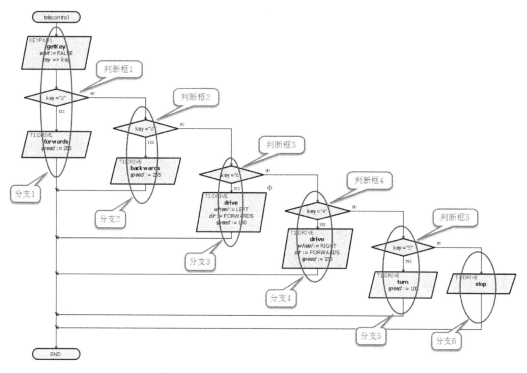

图 8-3-54　telecontrol 子函数流程图示意图

图 8-3-55　设置 getKey 框图参数

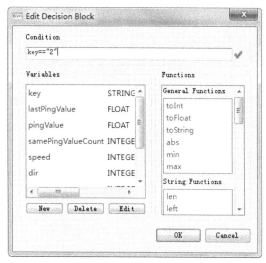

图 8-3-56　设置 Decision Block 框图参数（分支 1）

　　telecontrol 子函数流程图分支 2 自上至下依次放置 Decision Block 框图和 T1:DRIVE 中的 backwards 框图。双击 Decision Block 框图，弹出"Edit Decision Block"对话框，在"Condition"栏设置 key=="8"，Decision Block 框图全部参数设置如图 8-3-58 所示。双击 backwards 框图，弹出"Edit I/O Block"对话框，在"Arguments"栏中将 Speed 设置为 255，backwards 框图全部参数设置如图 8-3-59 所示。

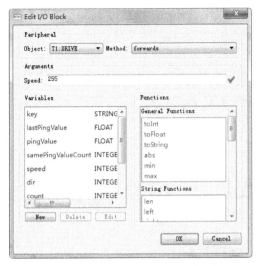
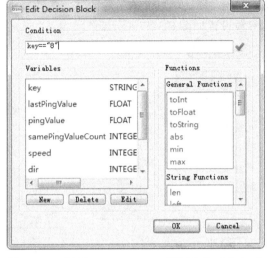

图 8-3-57　设置 forwards 框图参数　　　图 8-3-58　设置 Decision Block 框图参数（分支 2）

telecontrol 子函数流程图分支 3 自上至下依次放置 Decision Block 框图和 T1:DRIVE 中的 drive 框图。双击 Decision Block 框图，弹出"Edit Decision Block"对话框，在"Condition"栏设置 key=="6"，Decision Block 框图全部参数设置如图 8-3-60 所示。双击 drive 框图，弹出"Edit I/O Block"对话框，在"Arguments"栏中将 Speed 设置为 150，Dir 设置为 FORWARDS，Wheel 设置为 LEFT，drive 框图全部参数设置如图 8-3-61 所示。

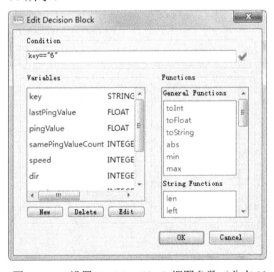

图 8-3-59　设置 backwards 框图参数　　　图 8-3-60　设置 Decision Block 框图参数（分支 3）

telecontrol 子函数流程图分支 4 自上至下依次放置 Decision Block 框图和 T1:DRIVE 中的 drive 框图。双击 Decision Block 框图，弹出"Edit Decision Block"对话框，在"Condition"栏设置 key=="4"，Decision Block 框图全部参数设置如图 8-3-62 所示。双击 drive 框图，弹出"Edit I/O Block"对话框，在"Arguments"栏中将 Speed 设置为 150，Dir 设置为 FORWARDS，Wheel 设置为 RIGHT，drive 框图全部参数设置如图 8-3-63 所示。

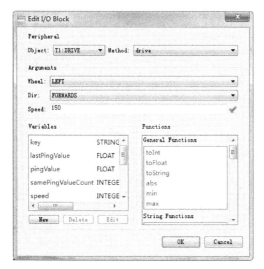
图 8-3-61 设置 drive 框图参数（分支 4）

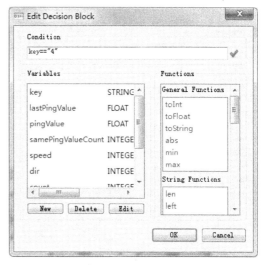
图 8-3-62 设置 Decision Block 框图参数（分支 4）

telecontrol 子函数流程图分支 5 自上至下依次放置 Decision Block 框图和 T1:DRIVE 中的 turn 框图。双击 Decision Block 框图，弹出"Edit Decision Block"对话框，在"Condition"栏设置 key=="5"，Decision Block 框图全部参数设置如图 8-3-64 所示。双击 turn 框图，弹出"Edit I/O Block"对话框，在"Arguments"栏中将 Speed 设置为 100，turn 框图全部参数设置如图 8-3-65 所示。

图 8-3-63 设置 drive 框图参数（分支 5）

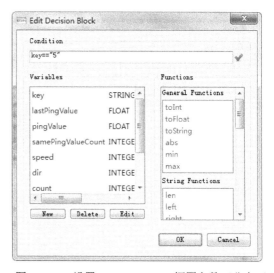
图 8-3-64 设置 Decision Block 框图参数（分支 5）

telecontrol 子函数流程图分支 6 中放置 T1:DRIVE 中的 stop 框图。双击 stop 框图，弹出"Edit I/O Block"对话框，所有参数选择默认设置，如图 8-3-66 所示。

图 8-3-65　设置 turn 框图参数

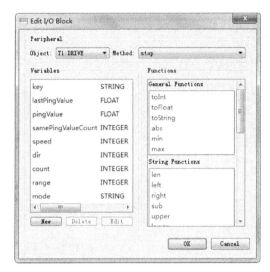
图 8-3-66　设置 stop 框图参数

至此，telecontrol 子函数流程图设计完毕，如图 8-3-67 所示。

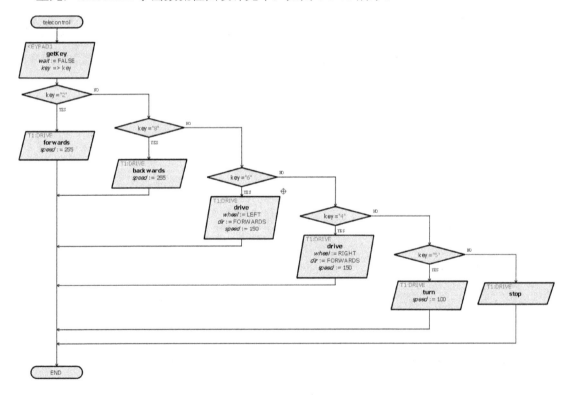
图 8-3-67　telecontrol 子函数流程图

follow 子函数流程图将按照图 8-3-68 所示分组进行介绍，共分为 7 组框图。follow 子函数流程图第 1 组框图自上至下依次放置 7 个 T1:LH 框图。

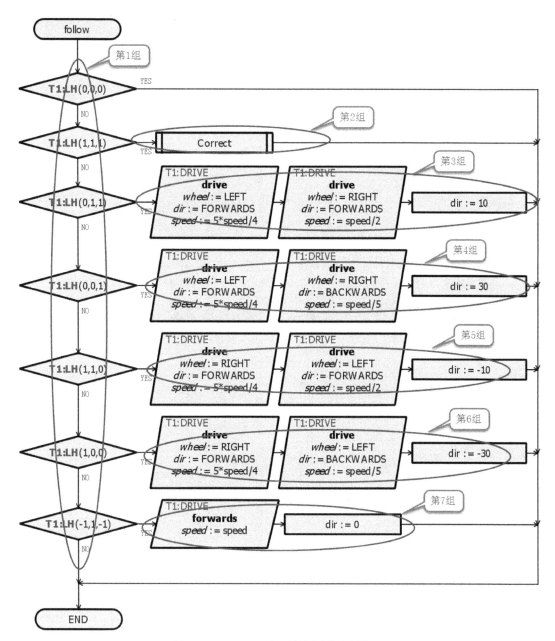

图 8-3-68　follow 子函数流程图示意图

双击第 1 个 T1:LH 框图，弹出"Edit Decision Block"对话框，在"Condition"栏设置 T1:LH(0,0,0)，第 1 个 T1:LH 框图全部参数设置如图 8-3-69 所示。

双击第 2 个 T1:LH 框图，弹出"Edit Decision Block"对话框，在"Condition"栏设置 T1:LH(1,1,1)，第 2 个 T1:LH 框图全部参数设置如图 8-3-70 所示。

双击第 3 个 T1:LH 框图，弹出"Edit Decision Block"对话框，在"Condition"栏设置 T1:LH(0,1,1)，第 3 个 T1:LH 框图全部参数设置如图 8-3-71 所示。

双击第 4 个 T1:LH 框图，弹出"Edit Decision Block"对话框，在"Condition"栏设置 T1:LH(0,0,1)，第 4 个 T1:LH 框图全部参数设置如图 8-3-72 所示。

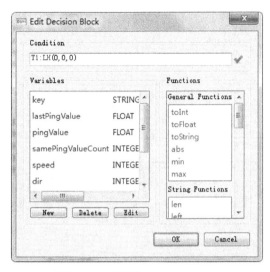

图 8-3-69　设置 T1:LH(0,0,0)

图 8-3-70　设置 T1:LH(1,1,1)

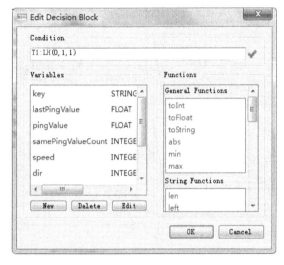

图 8-3-71　设置 T1:LH(0,1,1)

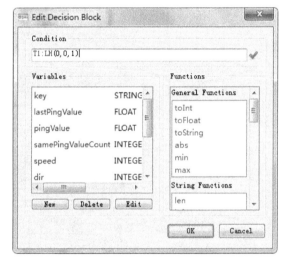

图 8-3-72　设置 T1:LH(0,0,1)

双击第 5 个 T1:LH 框图，弹出"Edit Decision Block"对话框，在"Condition"栏设置 T1:LH(1,1,0)，第 5 个 T1:LH 框图全部参数设置如图 8-3-73 所示。

双击第 6 个 T1:LH 框图，弹出"Edit Decision Block"对话框，在"Condition"栏设置 T1:LH(1,0,0)，第 6 个 T1:LH 框图全部参数设置如图 8-3-74 所示。

双击第 7 个 T1:LH 框图，弹出"Edit Decision Block"对话框，在"Condition"栏设置 T1:LH(-1,1,-1)，第 7 个 T1:LH 框图全部参数设置如图 8-3-75 所示。

follow 子函数流程图第 2 组框图中只需放置 Subroutine Call 框图。双击 Subroutine Call 框图，弹出"Edit Subroutine Call"对话框，在"Subroutine to Call"栏中将 Sheet 设置为（all），Method 设置为 Correct，如图 8-3-76 所示。

follow 子函数流程图第 3 组框图从左到右依次放置 2 个 T1:DRIVE 中的 drive 框图和 Assignment Block 框图。双击第 1 个 drive 框图，弹出"Edit I/O Block"对话框，在"Arguments"栏中将 Speed 设置为 5*speed/4，Dir 设置为 FORWARDS，Wheel 设置为 LEFT，第 1 个 drive 框图全部参数设置如图 8-3-77 所示。双击第 2 个 drive 框图，弹出"Edit I/O Block"对话框，在

"Arguments"栏中将 Speed 设置为 speed/2,Dir 设置为 FORWARDS,Wheel 设置为 RIGHT,第 2 个 drive 框图全部参数设置如图 8-3-78 所示。双击 Assignment Block 框图,弹出"Edit Assignment Block"对话框,在 Assignments 栏为变量赋值,设置 dir=10。Assignment Block 框图全部参数设置如图 8-3-79 所示。

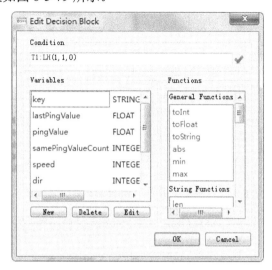

图 8-3-73　设置 T1:LH(1,1,0)

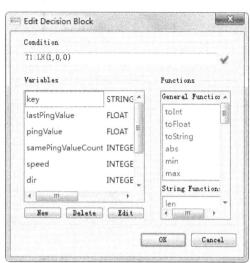

图 8-3-74　设置 T1:LH(1,0,0)

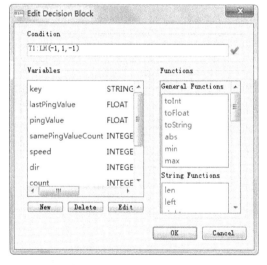

图 8-3-75　设置 T1:LH(-1,1,-1)

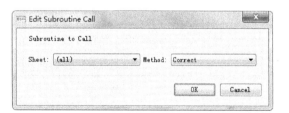

图 8-3-76　设置 Subroutine Call 框图参数

follow 子函数流程图第 4 组框图从左到右依次放置 2 个 T1:DRIVE 中的 drive 框图和 Assignment Block 框图。双击第 1 个 drive 框图,弹出"Edit I/O Block"对话框,在"Arguments"栏中将 Speed 设置为 5*speed/4,Dir 设置为 FORWARDS,Wheel 设置为 LEFT,第 1 个 drive 框图全部参数设置如图 8-3-77 所示。双击第 2 个 drive 框图,弹出"Edit I/O Block"对话框,在"Arguments"栏中将 Speed 设置为 speed/5,Dir 设置为 BACKWARDS,Wheel 设置为 RIGHT,第 2 个 drive 框图全部参数设置如图 8-3-80 所示。双击 Assignment Block 框图,弹出"Edit Assignment Block"对话框,在 Assignments 栏为变量赋值,设置 dir=30。Assignment Block 框图全部参数设置如图 8-3-81 所示。

图 8-3-77　设置第 1 个 drive 框图参数（第 3 组）　　图 8-3-78　设置第 2 个 drive 框图参数（第 3 组）

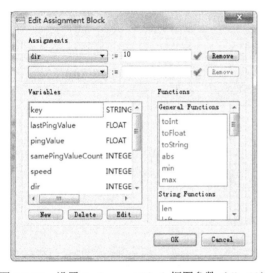

图 8-3-79　设置 Assignment Block 框图参数（dir=10）　　图 8-3-80　设置第 2 个 drive 框图参数（第 4 组）

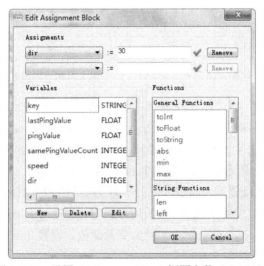

图 8-3-81　设置 Assignment Block 框图参数（dir=30）

follow 子函数流程图第 5 组框图从左到右依次放置 2 个 T1:DRIVE 中的 drive 框图和 Assignment Block 框图。双击第 1 个 drive 框图，弹出"Edit I/O Block"对话框，在"Arguments"栏中将 Speed 设置为 5*speed/4，Dir 设置为 FORWARDS，Wheel 设置为 RIGHT，第 1 个 drive 框图全部参数设置如图 8-3-82 所示。双击第 2 个 drive 框图，弹出"Edit I/O Block"对话框，在"Arguments"栏中将 Speed 设置为 speed/2，Dir 设置为 FORWARDS，Wheel 设置为 LEFT，第 2 个 drive 框图全部参数设置如图 8-3-83 所示。双击 Assignment Block 框图，弹出"Edit Assignment Block"对话框，在 Assignments 栏为变量赋值，设置 dir=-10。Assignment Block 框图全部参数设置如图 8-3-84 所示。

图 8-3-82 设置第 1 个 drive 框图参数（第 5 组）

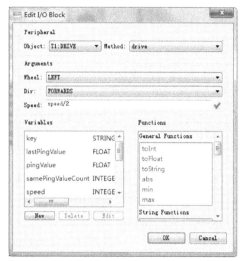
图 8-3-83 设置第 2 个 drive 框图参数（第 5 组）

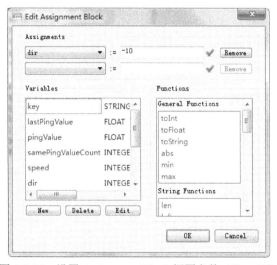
图 8-3-84 设置 Assignment Block 框图参数（dir=-10）

follow 子函数流程图第 6 组框图从左到右依次放置 2 个 T1:DRIVE 中的 drive 框图和 Assignment Block 框图。双击第 1 个 drive 框图，弹出"Edit I/O Block"对话框，在"Arguments"栏中将 Speed 设置为 5*speed/4，Dir 设置为 FORWARDS，Wheel 设置为 RIGHT，第 1 个 drive 框图全部参数设置如图 8-3-82 所示。双击第 2 个 drive 框图，弹出"Edit I/O Block"对话框，在"Arguments"栏中将 Speed 设置为 speed/5，Dir 设置为 BACKWARDS，Wheel 设置为 LEFT，第 2 个 drive 框图全

部参数设置如图 8-3-85 所示。双击 Assignment Block 框图，弹出"Edit Assignment Block"对话框，在 Assignments 栏为变量赋值，设置 dir=-30。Assignment Block 框图全部参数设置如图 8-3-86 所示。

图 8-3-85　设置第 2 个 drive 框图参数（第 6 组）　　图 8-3-86　设置 Assignment Block 框图参数（dir=-30）

follow 子函数流程图第 7 组框图从左到右依次放置 T1:DRIVE 中的 forwards 框图和 Assignment Block 框图。双击 forwards 框图，弹出"Edit I/O Block"对话框，在"Arguments"栏中将 Speed 设置为 speed（即数值为 200），forwards 框图全部参数设置如图 8-3-87 所示。双击 Assignment Block 框图，弹出"Edit Assignment Block"对话框，在 Assignments 栏为变量赋值，设置 dir=0。Assignment Block 框图全部参数设置如图 8-3-88 所示。

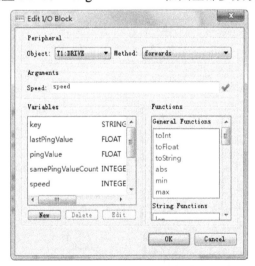 

图 8-3-87　设置 forwards 框图参数（第 7 组）　　图 8-3-88　设置 Assignment Block 框图参数（dir=0）

至此，follow 子函数流程图设计完毕，如图 8-3-89 所示。

Correct 子函数流程图嵌套较多且较为复杂，将按照图 8-3-90 所示分组进行介绍，共分为 3 组框图。

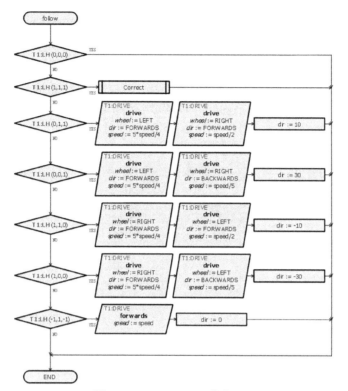

图 8-3-89 follow 子函数流程图

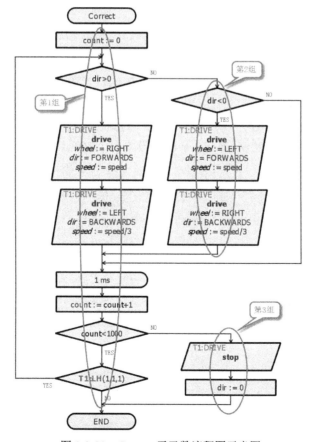

图 8-3-90 Correct 子函数流程图示意图

Correct 子函数流程图第 1 组框图自上至下依次放置 Assignment Block 框图、Decision Block 框图、T1:DRIVE 中的 drive 框图、T1:DRIVE 中的 drive 框图、Time Delay 框图、Assignment Block 框图、Decision Block 框图和 T1:LH 框图。

双击 Assignment Block 框图，弹出"Edit Assignment Block"对话框，在"Assignments"栏为变量赋值，设置 count=0。第 1 个 Assignment Block 框图全部参数设置如图 8-3-91 所示。

双击 Decision Block 框图，弹出"Edit Decision Block"对话框，在"Condition"栏设置 dir>0，第 1 个 Decision Block 框图全部参数设置如图 8-3-92 所示。

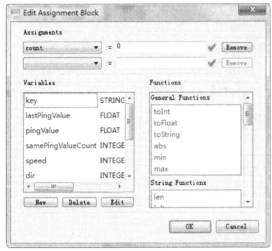
图 8-3-91　设置第 1 个 Assignment Block 框图参数（第 1 组）

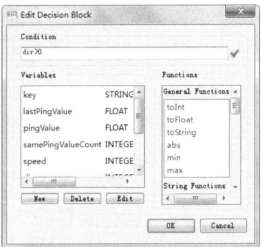
图 8-3-92　设置第 1 个 Decision Block 框图参数（第 1 组）

双击第 1 个 drive 框图，弹出"Edit I/O Block"对话框，在"Arguments"栏中将 Speed 设置为 speed，Dir 设置为 FORWARDS，Wheel 设置为 RIGHT，第 1 个 drive 框图全部参数设置如图 8-3-93 所示。

双击第 2 个 drive 框图，弹出"Edit I/O Block"对话框，在"Arguments"栏中将 Speed 设置为 speed/3，Dir 设置为 BACKWARDS，Wheel 设置为 LEFT，第 2 个 drive 框图全部参数设置如图 8-3-94 所示。

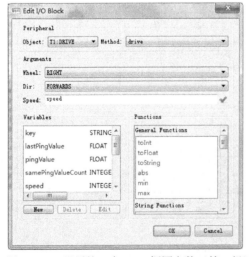
图 8-3-93　设置第 1 个 drive 框图参数（第 1 组）

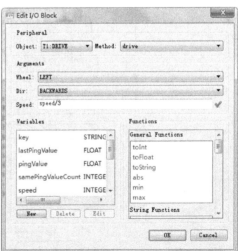
图 8-3-94　设置第 2 个 drive 框图参数（第 1 组）

双击 Time Delay 框图，弹出"Edit Delay Block"对话框，在"Delay"栏中输入 1。Time Delay 框图全部参数设置如图 8-3-95 所示。

双击 Assignment Block 框图，弹出"Edit Assignment Block"对话框，在"Assignments"栏为变量赋值，设置 count=count+1。第 2 个 Assignment Block 框图全部参数设置如图 8-3-96 所示。

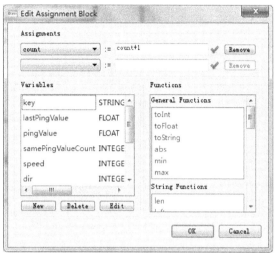

图 8-3-95　设置 Time Delay 框图参数　　图 8-3-96　设置第 2 个 Assignment Block 框图参数（第 1 组）

双击 Decision Block 框图，弹出"Edit Decision Block"对话框，在"Condition"栏设置 dir<1000，第 2 个 Decision Block 框图全部参数设置如图 8-3-97 所示。

双击 T1:LH 框图，弹出"Edit Decision Block"对话框，在"Condition"栏设置 T1:LH(1,1,1)，T1:LH 框图全部参数设置如图 8-3-98 所示。

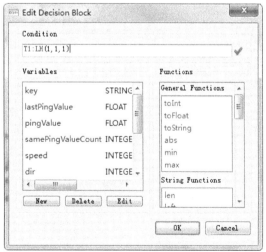

图 8-3-97　设置第 2 个 Decision Block 框图参数（第 1 组）　　图 8-3-98　设置 T1:LH(1,1,1)

Correct 子函数流程图第 2 组框图自上至下依次放置 Decision Block 框图和 2 个 T1:DRIVE 中的 drive 框图。双击 Decision Block 框图，弹出"Edit Decision Block"对话框，在"Condition"栏设置 dir<0，Decision Block 框图全部参数设置如图 8-3-99 所示。双击第 1 个 drive 框图，弹出"Edit I/O Block"对话框，在"Arguments"栏中将 Speed 设置为 speed，Dir 设置为 FORWARDS，

Wheel 设置为 LEFT，第 1 个 drive 框图全部参数设置如图 8-3-100 所示。双击第 2 个 drive 框图，弹出"Edit I/O Block"对话框，在"Arguments"栏中将 Speed 设置为 speed/3，Dir 设置为 BACKWARDS，Wheel 设置为 RIGHT，第 2 个 drive 框图全部参数设置如图 8-3-101 所示。

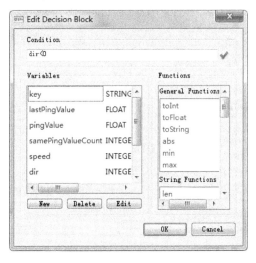

图 8-3-99　设置 Decision Block 框图参数（第 2 组）

图 8-3-100　设置第 1 个 drive 框图参数（第 2 组）

Correct 子函数流程图第 3 组框图自上至下依次放置 T1:DRIVE 中的 stop 框图和 Assignment Block 框图。双击 stop 框图，弹出"Edit I/O Block"对话框，所有参数选择默认设置，如图 8-3-102 所示。双击 Assignment Block 框图，弹出"Edit Assignment Block"对话框，在"Assignments"栏为变量赋值，设置 dir=0。Assignment Block 框图全部参数设置如图 8-3-103 所示。

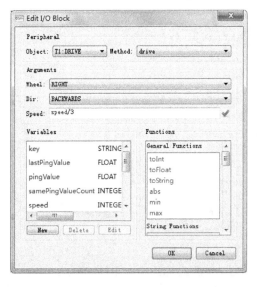

图 8-3-101　设置第 2 个 drive 框图参数（第 2 组）

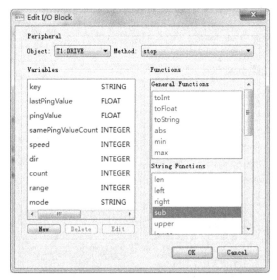

图 8-3-102　设置 stop 框图参数

至此，Correct 子函数流程图已经设计完毕，如图 8-3-104 所示。

同时，LOOP 流程图也已设计完毕，如图 8-3-105、图 8-3-106 和图 8-3-107 所示。LOOP 流程图可实现智能小车循迹、避障和遥控等功能。

图 8-3-103　设置 Assignment Block 框图参数（第 3 组）

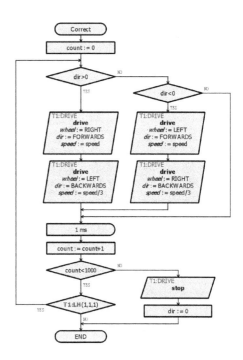

图 8-3-104　Correct 子函数流程图

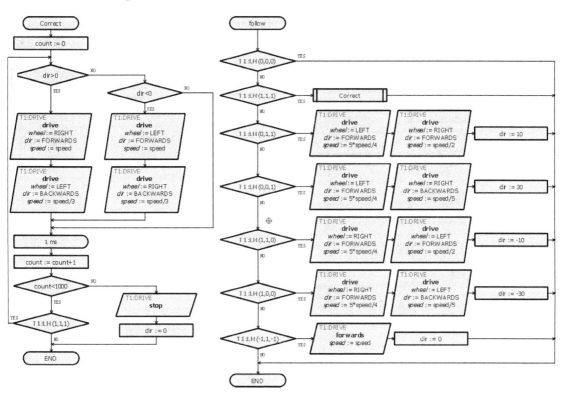

图 8-3-105　LOOP 流程图（1）

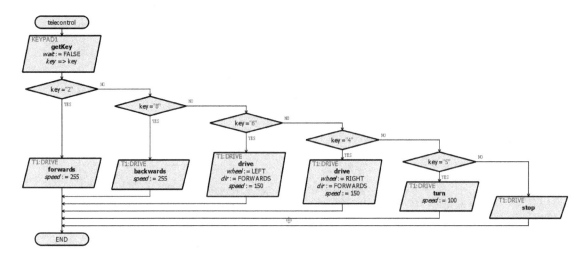

图 8-3-106　LOOP 流程图（2）

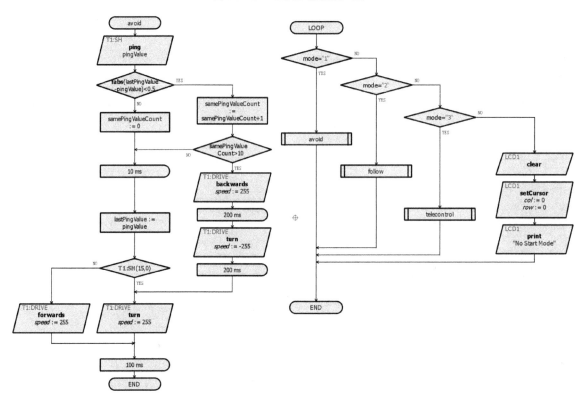

图 8-3-107　LOOP 流程图（3）

8.4　仿真验证

仿真之前，需要绘制地图。依次打开文件夹，选择"开始"→"所有程序"→"附件"→"画图"命令，如图 8-4-1 所示，由于操作系统不同，快捷方式位置可能会略有变化。单击图标，启动画图软件，如图 8-4-2 所示。

图 8-4-1 快捷方式所在位置

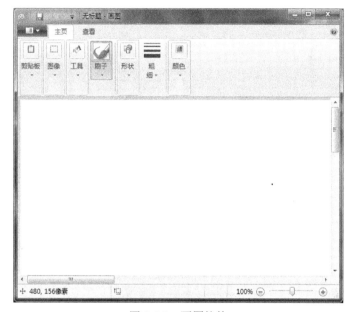

图 8-4-2 画图软件

在画图软件中绘制地图，如图 8-4-3 所示，黑色图形为障碍物，黑色线条为循迹路径，将大小水平设置为 2000 像素，垂直设置为 1123 像素。

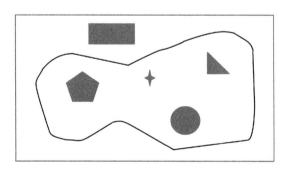

图 8-4-3 地图

双击 TURTLE，弹出"Edit Component"对话框，将所画的地图图形加载至 Obstacle Map 栏中，其他参数选择默认设置，如图 8-4-4 所示。

在 Proteus 主菜单中，执行 Debug → Run Simulation 命令，运行仿真，切换至 Schematic Capture 界面，LCD1602 第一行显示"Choose Mode"，LCD1602 第二行显示"1-A 2-F 3-T"，1-A 代表避障模式，2-F 代表循迹模式，3-T 代表遥控模式，如图 8-4-5 所示，等待用户选择。

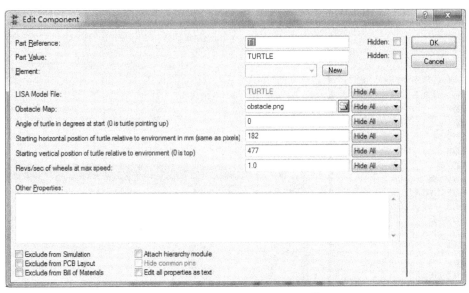

图 8-4-4 "Edit Component"对话框

单击键盘电路中的按键"1",使智能小车运行避障模式。LCD1602 第一行显示"Start Mode",LCD1602 第二行显示"Avoid",如图 8-4-6 所示。

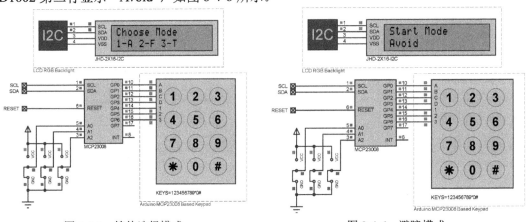

图 8-4-5　等待选择模式　　　　　　　　图 8-4-6　避障模式

Virtual Turtle-T1 中小车初始位置如图 8-4-7 所示。大约等待 3s 之后,小车开始行进,位置 1 如图 8-4-8 所示。可观察到小车遇到黑色障碍物,会选择后退或者转弯,从而达到避障的目的,其他位置如图 8-4-9、图 8-4-10、图 8-4-11 和图 8-4-12 所示。

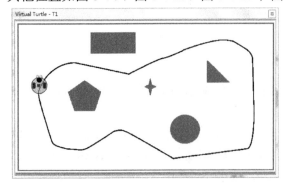
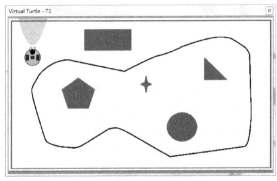

图 8-4-7　初始位置　　　　　　　　　　图 8-4-8　位置 1

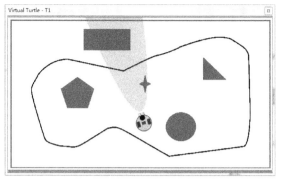

图 8-4-9 位置 2

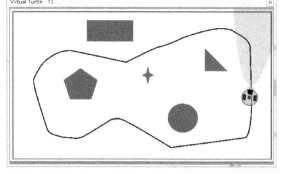

图 8-4-10 位置 3

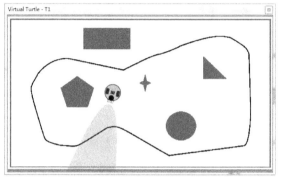

图 8-4-11 位置 4

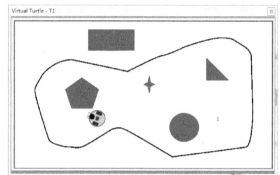

图 8-4-12 位置 5

当小车运行至黑色路径时，单击 Arduino 单片机最小系统电路中的复位按键。LCD1602 第一行显示"Choose Mode"，LCD1602 第二行显示"1-A 2-F 3-T"，1-A 代表避障模式，2-F 代表循迹模式，3-T 代表遥控模式，如图 8-4-13 所示，等待用户选择。

单击键盘电路中的按键"2"，使智能小车运行循迹模式。LCD1602 第一行显示"Start Mode"，LCD1602 第二行显示"Follow"，如图 8-4-14 所示。

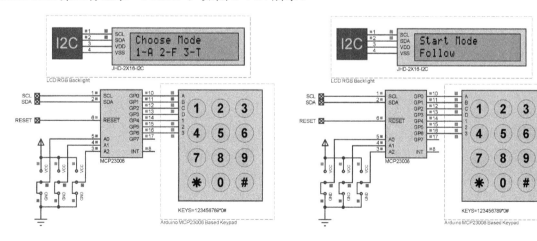

图 8-4-13 等待选择模式　　　　　　　　图 8-4-14 循迹模式

大约等待 3s 之后，小车开始行进，Virtual Turtle-T1 中小车始终沿黑色路径行进，小车位置如图 8-4-15、图 8-4-16、图 8-4-17、图 8-4-18、图 8-4-19 和图 8-4-20 所示。

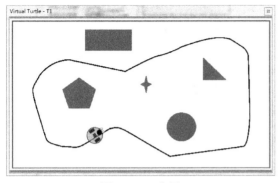

图 8-4-15　位置 1

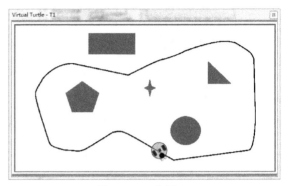

图 8-4-16　位置 2

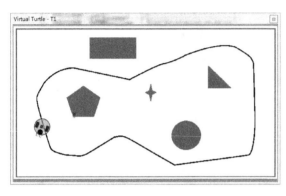

图 8-4-17　位置 3

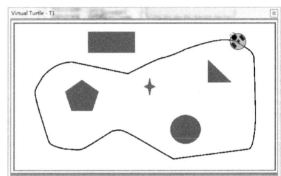

图 8-4-18　位置 4

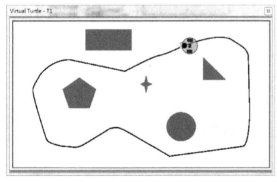

图 8-4-19　位置 5

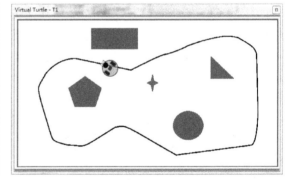

图 8-4-20　位置 6

单击 Arduino 单片机最小系统电路中的复位按键。LCD1602 第一行显示"Choose Mode",LCD1602 第二行显示"1-A 2-F 3-T",1-A 代表避障模式,2-F 代表循迹模式,3-T 代表遥控模式,如图 8-4-21 所示,等待用户选择。

单击键盘电路中的按键"3",使智能小车运行遥控模式。LCD1602 第一行显示"Start Mode",LCD1602 第二行显示"Telecontrol",如图 8-4-22 所示。

第 8 章 智能小车实例　243

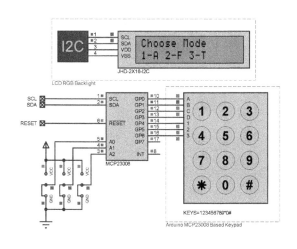

图 8-4-21　等待选择模式

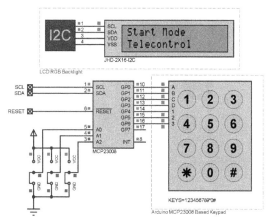

图 8-4-22　遥控模式

大约等待 3s 之后，小车开始运行遥控模式，初始位置图 8-4-23 所示。按住键盘电路中的按键 "2"，小车开始行进，到达位置如图 8-4-24 所示。

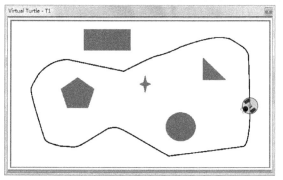

图 8-4-23　初始位置

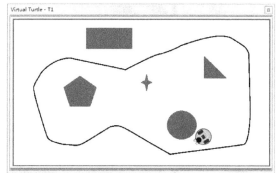

图 8-4-24　位置 1

按住键盘电路中的按键 "5"，小车开始原地旋转，到达位置如图 8-4-25 所示。按住键盘电路中的按键 "8"，小车开始后退，到达位置如图 8-4-26 所示。

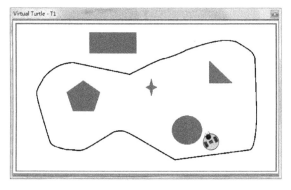

图 8-4-25　位置 2

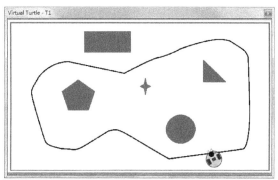

图 8-4-26　位置 3

按住键盘电路中的按键 "6"，小车开始右转弯，到达位置如图 8-4-27 所示。按住键盘电路中的按键 "4"，小车开始左转弯，到达位置如图 8-4-28 所示。

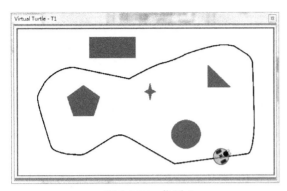 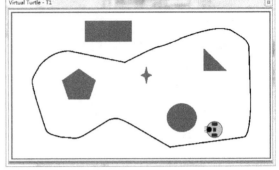

图 8-4-27　位置 4　　　　　　　　图 8-4-28　位置 5

经仿真验证，智能小车基本满足设计要求。

小提示

◎ 读者可以自行仿真验证智能小车的其他功能。
◎ 读者可以绘制其他形式的地图来验证智能小车的功能。
◎ 扫描右侧二维码可观看智能小车电路的仿真结果。

参考文献

[1] 宋楠. Arduino 开发从零开始学 学电子的都玩这个[M]. 北京：清华大学出版社，2014.
[2] 童诗白，华成英. 模拟电子技术基础. 第三版[M]. 北京：高等教育出版社，2001.
[3] 康华光. 电子技术基础 模拟部分. 第四版[M]. 北京：高等教育出版社，2001.
[4] 刘波，夏初蕾. 零基础入门智能家居设计——基于 C#语言与 Proteus 的实例应用[M]. 北京：电子工业出版社，2019.
[5] Michael McRoberts. Arduino 从基础到实践[M]. 北京：电子工业出版社，2017.
[6] 王博，姜义. 精通 Proteus 电路设计与仿真[M]. 北京：清华大学出版社，2017.